高等学校测绘工程系列教材

误差理论与测量平差基础习题集

（第二版）

武汉大学测绘学院测量平差学科组　编著

WUHAN UNIVERSITY PRESS
武汉大学出版社

图书在版编目(CIP)数据

误差理论与测量平差基础习题集/武汉大学测绘学院测量平差学科组编著. —2 版. —武汉:武汉大学出版社,2015.4(2025.1 重印)
高等学校测绘工程系列教材
ISBN 978-7-307-15376-9

Ⅰ.误… Ⅱ.武… Ⅲ.①测量误差—高等学校—习题集 ②测量平差—高等学校—习题集 Ⅳ.P207-44

中国版本图书馆 CIP 数据核字(2015)第 042428 号

责任编辑:鲍 玲　　责任校对:汪欣怡　　版式设计:马 佳

出版发行:武汉大学出版社　　(430072　武昌　珞珈山)
　　　　　(电子邮箱:cbs22@whu.edu.cn　网址:www.wdp.com.cn)
印刷:湖北诚齐印刷股份有限公司
开本:787×1092　1/16　印张:12.75　字数:306 千字
版次:2005 年 3 月第 1 版　　2015 年 4 月第 2 版
　　　2025 年 1 月第 2 版第 12 次印刷
ISBN 978-7-307-15376-9　　　　定价:25.00 元

版权所有,不得翻印;凡购买我社的图书,如有质量问题,请与当地图书销售部门联系调换。

第二版前言

《误差理论与测量平差基础习题集》于 2005 年出版,与之对应的教材《误差理论与测量平差基础》于 2003 年出版,被列为普通高等教育"十五"国家级规划教材。在"十一五"期间,又出版了教材《误差理论与测量平差基础》(第二版)。2014 年,随着普通高等教育"十二五"国家级规划教材《误差理论与测量平差基础》(第三版)的出版,习题集的修订也势在必行。根据近几年的教学实践和学生使用中的意见,本次修订主要体现在以下两个方面:在原习题集中,思考题、问答题和证明题都没有给出答案,而在这次修订中全部给出了详细答案,这样,学生可以通过参考这种问答形式的题目,从另一个角度来理解教材中的知识点;另一个改动是增加了相当部分的新题,这些题目针对性强,形式多变,短小精悍,重概念,轻计算,并配有详细的解答过程。本习题集章节和第三版教材一致,每一小节配有练习题,每章最后一节为综合练习题。

本书由邱卫宁教授修订。

本书的再版得到了武汉大学测绘学院和武汉大学出版社的大力支持,在此深表感谢。

本书在编制习题中,难免会有疏漏和错误,恳切希望使用本教材的教师和读者指正,并提出宝贵意见。

编著者

2014 年 11 月

前　言

由我们编著的《误差理论与测量平差基础》（武汉大学出版社，2003），经国家教育部批准为普通高等教育"十五"国家级规划教材。该书的前一版本《测量平差基础（第三版）》（测绘出版社，1996）由于教学贡献和学术水平，于1999年获得国家科技进步三等奖。《误差理论与测量平差基础》一书已被许多院校选作测绘工程本科专业课程的教材。为了提高课程的教学质量和学生的计算、应用、分析能力，我们及时编写了与教材配套的这本习题集《误差理论与测量平差基础习题集》。本书在吸取了原有同类教材成功经验的基础上，充分考虑了目前测绘工程专业本科教材的内容，与其紧密结合，成为整体。

本书在习题和思考题的配置上考虑了"误差理论与测量平差基础"课程的主要内容和教学重点，加强了精度指标、协方差传播律及权、条件平差、间接平差、误差椭圆和假设检验等内容上的技能训练。章节目录基本上和《误差理论与测量平差基础》一书相对应，题号第一位数表示章号，第二位数表示节号，第三位数表示该章的题目数，答案与之对应。本书中文字符号的表达意义与《误差理论与测量平差基础》一书一致。

本书积累了作者长期的本科教学经验，在选题上，力求加强基本概念、解决实际问题和综合能力的训练，设计了一定数量的思考题和综合训练题。由于平差涉及大量的几何图形或控制网，虽然有些控制网现在在生产单位很少采用，如测角网，但考虑到这些图形对于理解平差模型的构成具有很重要的作用，所以此次仍然设计了一定的类似题目。教材涉及的内容全面、难易结合、题目新颖、形式多样。考虑到本课程属于大地测量学与测量工程学科硕士研究生入学的必考科目，本书还纳入了我院最近多届的研究生试题。

全书共分十一章，由邱卫宁教授主编，黄加纳教授、蓝悦明副教授、姚宜斌博士参加编写。其中黄加纳编写了第一章、第二章、第三章；邱卫宁编写了第四章、第七章、第八章、第九章；蓝悦明编写了第五章、第六章；姚宜斌编写了第十章、第十一章。全书由邱卫宁统一修改定稿，陶本藻教授审核。

本书得到了武汉大学教务部和武汉大学出版社的大力支持，在此深表感谢。

本习题集有大量计算题，错误在所难免，恳请使用本教材的教师和广大读者批评指正，提出宝贵意见。

目 录

第一章 绪论 ··· 1
  1-1 观测误差 ·· 1
  1-2 测量平差学科的研究对象 ··· 1
  1-3 测量平差的简史和发展 ··· 1
  1-4 本课程的任务和内容 ·· 2

第二章 误差分布与精度指标 ··· 3
  2-1 随机变量的数字特征 ·· 3
  2-2 正态分布 ·· 3
  2-3 偶然误差的规律性 ··· 3
  2-4 衡量精度的指标 ·· 4
  2-5 精度、准确度与精确度 ··· 4
  2-6 测量不确定度 ·· 5
  2-7 综合练习题 ··· 5

第三章 协方差传播律及权 ·· 6
  3-1 协方差传播律 ·· 6
  3-2 协方差传播律的应用 ··· 8
  3-3 权与定权的常用方法 ··· 10
  3-4 协因数阵与权阵 ··· 12
  3-5 协因数传播律 ·· 13
  3-6 由真误差计算中误差及其实际应用 ··························· 14
  3-7 系统误差的传播 ··· 16
  3-8 综合练习题 ··· 17

第四章 平差数学模型与最小二乘原理 ··································· 21
  4-1 测量平差概述 ·· 21
  4-2 函数模型 ·· 21
  4-3 函数模型的线性化 ·· 23
  4-4 测量平差的数学模型 ··· 24
  4-5 参数估计与最小二乘原理 ······································· 24
  4-6 综合练习题 ··· 24

第五章　条件平差 …… 27

5-1　条件平差原理 …… 27
5-2　条件方程 …… 28
5-3　精度评定 …… 35
5-4　水准网平差示例 …… 38
5-5　综合练习题 …… 39

第六章　附有参数的条件平差 …… 49

6-1　附有参数的条件平差原理 …… 49
6-2　精度评定 …… 52
6-3　综合练习题 …… 53

第七章　间接平差 …… 58

7-1　间接平差原理 …… 58
7-2　误差方程 …… 59
7-3　精度评定 …… 62
7-4　水准网平差示例 …… 65
7-5　间接平差特例——直接平差 …… 67
7-6　三角网坐标平差 …… 68
7-7　测边网坐标平差 …… 71
7-8　导线网间接平差 …… 73
7-9　GPS 网平差 …… 76
7-10　综合练习题 …… 77

第八章　附有限制条件的间接平差 …… 83

8-1　附有限制条件的间接平差原理 …… 83
8-2　精度评定 …… 87
8-3　综合练习题 …… 88

第九章　概括平差函数模型 …… 91

9-1　基本平差方法和概括函数模型 …… 91
9-2　附有限制条件的条件平差原理 …… 91
9-3　精度评定 …… 94
9-4　各种平差方法的共性与特性 …… 94
9-5　平差结果的统计性质 …… 96

第十章　误差椭圆 …… 97

10-1　点位中误差 …… 97
10-2　点位任意方向的位差 …… 97
10-3　误差曲线 …… 99

10-4	误差椭圆	99
10-5	相对误差椭圆	100
10-6	点位落入误差椭圆内的概率	103
10-7	综合练习题	103

第十一章 平差系统的统计假设检验 ... 105
- 11-1 统计假设检验概述 ... 105
- 11-2 统计假设检验的基本方法 ... 105
- 11-3 误差分布的假设检验 ... 106
- 11-4 平差模型正确性的统计检验 ... 107
- 11-5 平差参数的统计检验和区间估计 ... 107
- 11-6 粗差检验的数据探测法 ... 108
- 11-7 综合练习题 ... 108

参考答案 ... 109

参考文献 ... 191

第一章 绪 论

1-1 观测误差

1.1.01 为什么说观测值总是带有误差,而且观测误差是不可避免的?

1.1.02 观测条件是由哪些因素构成的?它与观测结果的质量有什么联系?

1.1.03 测量误差分为哪几类?它们各自是怎样定义的?对观测成果有何影响?试举例说明。

1.1.04 用钢尺丈量距离,有下列几种情况使量得的结果产生误差,试分别判定误差的性质及符号:

(1)尺长不准确;

(2)尺不水平;

(3)估读小数不准确;

(4)尺垂曲;

(5)尺端偏离直线方向。

1.1.05 在水准测量中,有下列几种情况使水准尺读数带有误差,试判别误差的性质及符号:

(1)视准轴与水准轴不平行;

(2)仪器下沉;

(3)读数不准确;

(4)水准尺下沉。

1-2 测量平差学科的研究对象

1.2.06 何谓多余观测?测量中为什么要进行多余观测?

1.2.07 测量平差的基本任务是什么?

1-3 测量平差的简史和发展

1.3.08 高斯于哪一年提出最小二乘法?其主要是为了解决什么问题?

1.3.09 自20世纪五六十年代开始,测量平差得到了很大的发展,主要表现在哪些方面?

1-4 本课程的任务和内容

1.4.10 本课程主要讲述哪些内容？其教学目的是什么？

第二章 误差分布与精度指标

2-1 随机变量的数字特征

2.1.01 设随机变量 X 的概率密度为
$$f(x)=\begin{cases} e^{-x}, & x>0, \\ 0, & x\leq 0 \end{cases}$$
求 $y=2x+1$，$z=e^{-3x}$ 的数学期望。

2.1.02 设随机变量 X，Y 的联合概率密度为：
$$f(x)=\begin{cases} 15xy^2, & 0\leq y\leq x\leq 1, \\ 0, & 其他 \end{cases}$$
求 $E(X)$，$E(Y)$，$E(X+Y)$，$E(XY)$。

2.1.03 设 X 为随机变量，C 是常数，证明 $D(X)<E[(X-C)^2]$；当 C 取何值时，$D(X)$ 有极小值。

2.1.04 设等边三角形的边长 X 的概率密度为 $f(x)=\begin{cases} \dfrac{1}{2}, & 0<x<2 \\ 0, & 其他 \end{cases}$，求等边三角形的面积 S 的期望和方差。

2.1.05 设 $W=(aX+3Y)^2$，$E(X)=E(Y)=0$，$D(X)=4$，$D(Y)=16$，$\rho_{XY}=-0.5$。求常数 a 使 $E(W)$ 为最小，并求 $E(W)$ 的最小值。

2-2 正态分布

2.2.06 某样本均值 $\overline{X}\sim N(52,1.05^2)$，试求其落在 50.8 到 53.8 之间的概率。

2.2.07 设随机变量 $X\sim N(0,9)$，求随机变量函数 $Y=5X^2$ 的均值。

2.2.08 一仪器某种元件的使用寿命 X（以小时计），服从参数为 $\mu=160$，σ 的正态分布。若要求 $P\{120<X\leq 200\}\geq 0.80$，允许 σ 最大为多少？

2.2.09 设 (X,Y) 服从二维正态分布，且 $X\sim N(0,3)$，$Y\sim N(0,4)$，相关系数 $\rho_{XY}=-0.5$，试写出 X 和 Y 的联合分布密度。

2-3 偶然误差的规律性

2.3.10 观测值的真误差是怎样定义的？三角形的闭合差是什么观测值的真误差？

2.3.11 在相同的观测条件下,大量的偶然误差呈现出什么样的规律性?

2.3.12 偶然误差 Δ 服从什么分布?它的数学期望和方差各是多少?

2.3.13 为了鉴定某测距仪是否有系统误差,将该仪器对某段距离观测60次,其末位数的值如下(mm),试画出这些数据的频率直方图,并分析是否存在系统误差。

3.1 4.4 2.9 4.1 3.3 3.2 3.5 4.9 3.6 4.0
3.4 5.7 3.4 4.3 3.5 4.0 4.3 4.2 3.9 3.6
3.6 3.7 3.5 3.4 3.6 3.8 4.3 2.9 3.0 4.1
3.9 4.1 3.8 4.2 3.9 4.0 4.1 4.2 4.3 4.0
4.4 2.4 4.5 2.6 4.6 4.7 4.8 5.2 4.5 4.6
5.0 4.9 5.2 5.3 5.1 3.7 4.5 4.6 4.7 4.8

2-4 衡量精度的指标

2.4.14 在相同的观测条件下,对同一个量进行若干次观测得到一组观测值,这些观测值的精度是否相同?能否认为误差小的观测值比误差大的观测值精度高?

2.4.15 若有两个观测值的中误差相同,那么,是否可以说这两个观测值的真误差一定相同?为什么?

2.4.16 为了鉴定经纬仪的精度,对已知精确测定的水平角 $\alpha = 45°00'00''$ 作12次观测,结果为:

45°00′06″　44°59′55″　44°59′58″　45°00′04″
45°00′03″　45°00′04″　45°00′00″　44°59′58″
44°59′59″　44°59′59″　45°00′06″　45°00′03″

设 α 没有误差,试求观测值的中误差。

2.4.17 随机地选取两组学生,甲组80人,乙组60人,每人用同种测距仪分别观测某已知距离的目标一测回,其误差为 Δ_i,甲、乙两组的精度会一样吗?为什么?

2.4.18 有一段距离,其观测值及其中误差为345.675m±15mm。试估计这个观测值的真误差的实际可能范围是多少?并求出该观测值的相对中误差。

2.4.19 已知两段距离的长度及其中误差分别为300.465m±4.5cm 及 660.894m±4.5cm,试说明这两段距离的真误差是否相等?它们的精度是否相等?

2-5 精度、准确度与精确度

2.5.20 两个独立观测值是否可称为不相关观测值?而两个相关观测值是否就是不独立观测值呢?

2.5.21 相关观测值向量 X_{t1} 的协方差阵是怎样定义的?试说明 D_{XX} 中各个元素的含义。当向量 X_{t1} 中的各个分量两两相互独立时,其协方差阵有什么特点?

2.5.22 对真值为 $\tilde{L} = 100.010$m 的一段距离以相同的方法进行了10次独立的观测,得到的观测值见下表。试求该组观测值的系统误差、中误差、均方误差。

1	2	3	4	5	6	7	8	9	10
100.023	100.015	100.017	100.016	100.024	100.023	100.025	100.017	100.026	100.014

2.5.23 简述观测值的精度与精确度的含义及指标。在什么情况下二者是相同的？

2-6 测量不确定度

2.6.24 测量数据的不确定性是怎样定义的？简述它和误差之间的关系。

2.6.25 测量数据的不确定度是怎样定义的？简述它和误差、中误差之间的关系。

2-7 综合练习题

2.7.26 设随机变量 X_1，X_2，$\cdots$，X_5 相互独立，且有 $E(X_i)=2i$，$D(X_i)=i^2$，($i=1$，2，$\cdots$，5)，设 $Y=2X_1-3X_2-\frac{1}{2}X_4+X_5$，试求 $E(Y)$，$D(Y)$。

2.7.27 已知同精度独立观测值 $x_i(i=1$，2，$\cdots$，$n)$ 的数学期望均为 μ，方差为 σ^2，求其算术平均值 $x=\frac{1}{n}\sum_{i=1}^{n}x_i$ 的数学期望 $E(x)$ 和方差 σ_x^2。

2.7.28 设长方形的长 $X \sim N(10\text{m}, 100\text{mm}^2)$，宽 $Y \sim N(5\text{m}, 100\text{mm}^2)$，$X$，$Y$ 互相独立，试求：

(1) 长方形面积 S 和周长 C 的数学期望和方差；

(2) S 和 C 的相关系数。

2.7.29 设对某量进行了两组观测，它们的真误差分别为：

第一组：3，-3，2，4，-2，-1，0，-4，3，-2

第二组：0，-1，-7，2，1，-1，8，0，-3，1

试求两组观测值的平均误差 $\hat{\theta}_1$、$\hat{\theta}_2$ 和中误差 $\hat{\sigma}_1$、$\hat{\sigma}_2$，并比较两组观测值的精度。

2.7.30 设有观测值向量 $\underset{21}{X}=[L_1 \ L_2]^T$，已知 $\sigma_{L_1}=2$ 秒，$\sigma_{L_2}=3$ 秒，$\sigma_{L_1L_2}=-2$ 秒^2，试写出其协方差阵 D_{XX}。

2.7.31 设有观测值向量 $\underset{31}{X}=[L_1 \ L_2 \ L_3]^T$ 的协方差阵 $\underset{33}{D_{XX}}=\begin{bmatrix} 4 & -2 & 0 \\ -2 & 9 & -3 \\ 0 & -3 & 16 \end{bmatrix}$，试写出观测值 L_1、L_2 及 L_3 的中误差以及协方差 $\sigma_{L_1L_2}$、$\sigma_{L_1L_3}$ 和 $\sigma_{L_2L_3}$。

第三章 协方差传播律及权

3-1 协方差传播律

3.1.01 什么是协方差传播律？其主要用来解决什么问题？

3.1.02 能否说协方差传播律就是误差传播律？为什么？

3.1.03 当观测值的函数是非线性形式时，应用协方差传播律应注意哪些问题？试举例说明之。

3.1.04 已知独立观测值向量 L_1，L_2 的方差 $\sigma_1^2=3$，$\sigma_2^2=2$，试求：

(1) 函数 $x=L_1-2L_2$ 和 $y=3L_2$ 的方差 σ_x^2、σ_y^2；

(2) 函数 x 对于 y 的协方差 σ_{xy}。

3.1.05 已知观测值向量 L_1，L_2 的方差 $\sigma_1^2=3$，$\sigma_2^2=2$，协方差 $\sigma_{12}=-0.5$，试求：

(1) 函数 $x=L_1-2L_2$ 和 $y=3L_2$ 的方差 σ_x^2、σ_y^2；

(2) 函数 x 对于 y 的协方差 σ_{xy}。

3.1.06 在三角形中，已知角 a 无误差为 $30°$，观测角 b、c 的观测值为 L_1、L_2，其协方差阵 $D_{L_{2,2}}$ 为单位阵，现将闭合差平均分配到两角，得 $\hat{L}_i=L_i-\dfrac{w}{2}(i=1,2)$，式中 $w=L_1+L_2-130°$，试求：

(1) w 的方差；

(2) w 与 $\hat{L}=[L_1 \quad L_2]^T$ 是否相关，试证明。

3.1.07 下列各式中的 $L_i(i=1,2,3)$ 均为等精度独立观测值，其中误差为 σ，试求 X 的中误差：

(1) $X=\dfrac{1}{2}(L_1+L_2)+L_3$；

(2) $X=\dfrac{L_1L_2}{L_3}$。

3.1.08 已知观测值 L_1，L_2 的中误差 $\sigma_1=\sigma_2=\sigma$，$\sigma_{12}=0$，设 $X=2L_1+5$，$Y=L_1-2L_2$，$Z=L_1L_2$，$t=X+Y$，试求 X、Y、Z 和 t 的中误差。

3.1.09 已知独立观测值 L_1、L_2 的中误差为 σ_1 和 σ_2，试求下列函数的中误差：

(1) $X=L_1-2L_2$；

(2) $Y=\dfrac{1}{2}L_1^2+L_1L_2$；

(3) $Z=\dfrac{\sin L_1}{\sin(L_1+L_2)}$。

3.1.10 设有观测值向量 $L_{31}=[L_1\ L_2\ L_3]^T$，其协方差阵为

$$D_{LL}=\begin{bmatrix}4 & 0 & 0\\ 0 & 3 & 0\\ 0 & 0 & 2\end{bmatrix},$$

试分别求下列函数的方差：

(1) $F_1=L_1-3L_3$；

(2) $F_2=3L_2L_3$。

3.1.11 设有观测值向量 $L_{31}=[L_1\ L_2\ L_3]^T$，其协方差阵为

$$D_{LL}=\begin{bmatrix}6 & -1 & -2\\ -1 & 4 & 1\\ -2 & 1 & 2\end{bmatrix},$$

试分别求下列函数的方差：

(1) $F_1=L_1+3L_2-2L_3$；

(2) $F_2=L_1^2+L_2+L_3^{\frac{1}{2}}$。

3.1.12 已知观测值向量 L_{n1} 及其协方差阵 D_{nn}^{LL}，组成函数 $X=AL$，$Y=BX$，试求协方差阵 D_{XL}、D_{YL} 和 D_{XY}。

3.1.13 设有观测值向量 $L_{31}=[L_1\ L_2\ L_3]^T$，其协方差阵为

$$D_{LL}=\begin{bmatrix}3 & 0 & -1\\ 0 & 4 & 1\\ -1 & 1 & 2\end{bmatrix},$$

现有函数 $\varphi_1=L_1L_2$，$\varphi_2=2L_1-L_3$，试求函数的方差 D_{φ_1}、D_{φ_2} 和互协方差 $D_{\varphi_1\varphi_2}$。

3.1.14 已知观测值向量 L_{n_11}、L_{n_21} 和 L_{n_31} 及其协方差阵为

$$\begin{bmatrix}D_{11} & D_{12} & D_{13}\\ D_{21} & D_{22} & D_{23}\\ D_{31} & D_{32} & D_{33}\end{bmatrix},$$

现组成函数

$$\begin{cases}X=AL_1+A_0,\\ Y=BL_2+B_0,\\ Z=CL_3+C_0,\end{cases}$$

式中，A、B、C 为系数阵，A_0、B_0、C_0 为常数阵。令 $W=[X\ Y\ Z]^T$，试求协方差阵 D_{WW}。

3.1.15 已知边长 S 及坐标方位角 α 的中误差各为 σ_S 和 σ_α，试求坐标增量 $\Delta X=S\cdot\cos\alpha$ 和 $\Delta Y=S\cdot\sin\alpha$ 的中误差。

3.1.16 设有同精度独立观测值向量 $L_{31}=[L_1\ L_2\ L_3]^T$ 的函数为

$$Y_1=S_{AB}\frac{\sin L_1}{\sin L_3},\qquad Y_2=\alpha_{AB}-L_2,$$

式中，α_{AB} 和 S_{AB} 为无误差的已知值，测角中误差 $\sigma=1''$，试求函数的方差 $\sigma_{y_1}^2$、$\sigma_{y_2}^2$ 及协方差 $\sigma_{y_1y_2}$。

3.1.17 在图 3-1 的 △ABC 中，由直接观测得 $b = 106.00\text{m} \pm 0.06\text{m}$，$\beta = 29°39' \pm 1'$ 和 $\gamma = 120°07' \pm 2'$，试计算边长 c 及其中误差 σ_c。

3.1.18 在图 3-2 的 △ABC 中测得 $\angle A \pm \sigma_A$，边长 $b \pm \sigma_b$，$c \pm \sigma_c$，试求三角形面积的中误差 σ_S。

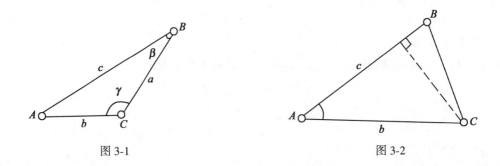

图 3-1   图 3-2

3.1.19 由已知点 A(无误差)引出支点 P，如图 3-3 所示。α_0 为起算方位角，其中误差为 σ_0，观测角 β 和边长 S 的中误差分别为 σ_β 和 σ_S，试求 P 点坐标 X、Y 的协方差阵。

3.1.20 为了确定图 3-4 中测站 A 上 B、C、D 方向间的关系，同精度观测了三个角，其值为 $L_1 = 45°02'$，$L_2 = 85°00'$，$L_3 = 40°01'$。设测角中误差 $\sigma = 1''$，试求：

(1) 观测角平差值的协方差阵；

(2) 观测角平差值 $\hat{L}_1$ 关于 $\hat{L}_3$ 的协方差。

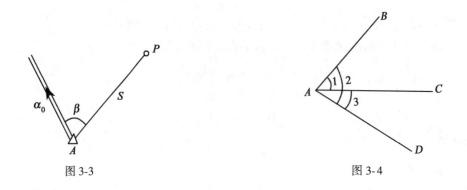

图 3-3   图 3-4

3-2 协方差传播律的应用

3.2.21 水准测量中两种计算高差中误差的公式为 $\sigma_{h_{AB}} = \sqrt{N}\sigma_{站}$ 和 $\sigma_{h_{AB}} = \sqrt{S}\sigma_{公里}$，它们各在什么前提条件下使用？

3.2.22 试简述同精度独立观测值的算术平均值中误差的计算公式 $\sigma_x = \dfrac{\sigma}{\sqrt{N}}$ 的推导过程，并说明此式使用的前提条件。

3.2.23 怎样计算交会定点的点位方差？纵向方差及横向方差各是由什么因素引起的误差？

3.2.24 在已知水准点 A、B（其高程无误差）间布设水准路线，如图 3-5 所示。路线长为 $S_1=2$km, $S_2=6$km, $S_3=4$km, 设每千米观测高差中误差 $\sigma=1.0$mm，试求：

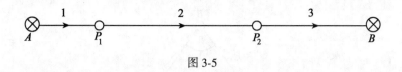

图 3-5

(1)将闭合差按距离分配之后 P_1、P_2 两点间高差的中误差；
(2)分配闭合差后 P_1 点高程的中误差。

3.2.25 在水准测量中，设每站观测高差的中误差均为 1cm，今要求从已知点推算待定点的高程中误差不大于 5cm，问可以设多少站？

3.2.26 若要在两已知高程点间布设一条附合水准路线（图 3-6），已知每千米观测中误差等于 5.0mm，欲使平差后线路中点 C 点高程中误差不大于 10mm，问该线路长度最多可达几千米？（提示：$H'_C=H_A+h_1$, $H''_C=H_B-h_2$, $H_C=(H'_C+H''_C)/2$）

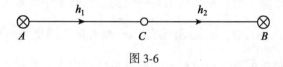

图 3-6

3.2.27 在图 3-7 中，由已知点 A 丈量距离 S 并测量坐标方位角 α，借以计算 P 点的坐标。观测值及其中误差为 $S=127.00\text{m}\pm0.03\text{m}$, $\alpha=30°00'\pm2.5'$, 设 A 点坐标无误差，试求待定点 P 的点位中误差 σ_P。

3.2.28 有一角度测 4 测回，得中误差 0.42″，问再增加多少测回其中误差为 0.28″？

3.2.29 在图 3-8 的梯形稻田中，测量得上底边长为 $a=50.746$m, 下底边长为 $b=86.767$m, 高为 $h=67.420$m, 其中误差分别为 $\sigma_a=0.030$m, $\sigma_b=0.040$m, $\sigma_h=0.034$m, 试求该梯形的面积 S 及其中误差 σ_S。

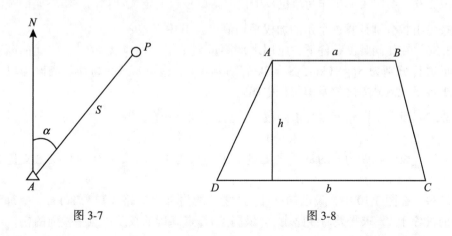

图 3-7　　　　图 3-8

3.2.30 设图 3-9 的 △ABC 为等边三角形，观测边长和角度得观测值为 $b\pm\sigma_b=1\,000$m

±0.015m，$\alpha=\beta=60°00'00''$，且 $\sigma_\alpha=\sigma_\beta$。为使算得的边长 a 具有中误差 $\sigma_a=0.02$m，试问角 α 和 β 的观测精度应为多少？

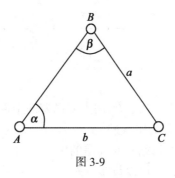

图 3-9

3-3 权与定权的常用方法

3.3.31 权是怎样定义的？权与中误差有何关系？有了中误差为什么还要讨论权？

3.3.32 在公式 $P_i=\dfrac{\sigma_0^2}{\sigma_i^2}$ 中，σ_0^2 表示什么？σ_i^2 能否是不同量的观测值的方差？

3.3.33 什么叫做单位权、单位权观测值及单位权中误差？对于某一个平差问题，它们的值是唯一的吗？为什么？

3.3.34 水准测量中的两种常用定权公式 $P_i=\dfrac{C}{N_i}$ 和 $P_i=\dfrac{C}{S_i}$ 各在什么前提条件下使用？试说明两式中 C 的含义。

3.3.35 设某角的三个观测值及其中误差分别为

$$30°41'20''\pm2.0''$$
$$30°41'26''\pm4.0''$$
$$30°41'16''\pm1.0''$$

现分别取 2.0″、4.0″ 及 1.0″ 作为单位权中误差，试按权的定义计算出三组不同的观测值的权，再按各组权分别计算这个角的加权平均值 $\hat{X}$ 及其中误差 $\sigma_{\hat{x}}$。

3.3.36 在相同观测条件下，应用水准测量测定了三角点 A、B、C 之间的高差，设该三角形边长分别为 $S_1=10$km，$S_2=8$km，$S_3=4$km，令 40km 的高差观测值为单位权观测，试求各段观测高差之权及单位权中误差。

3.3.37 设 n 个同精度观测值的权为 P，其算术平均值的权为 $\bar{P}$，问 P 与 $\bar{P}$ 的关系如何？

3.3.38 设一长度为 d 的直线之丈量结果的权为 1，求长为 D 的直线之丈量结果的权。

3.3.39 在图 3-10 中，设已知点 A、B 之间的附合水准路线长为 80km，令每千米观测高差的权等于 1，求平差后线路中点(最弱点)C 点高程的权及该点平差前的权。

3.3.40 以相同精度观测 $\angle A$ 和 $\angle B$，其权分别为 $P_A=\dfrac{1}{4}$，$P_B=\dfrac{1}{2}$，已知 $\sigma_B=8''$，试

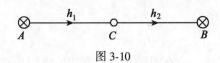

图 3-10

求单位权中误差 σ_0 和 $\angle A$ 的中误差 σ_A。

3.3.41 设对 $\angle A$ 进行 4 次同精度独立观测，一次测角中误差为 $2.4''$，已知 4 次算术平均值的权为 2。试问：(1)单位权观测值是什么？(2)单位权中误差等于多少？(3)欲使 $\angle A$ 的权等于 6，应观测几次？

3.3.42 设对 A 角观测 4 次，取平均得 α 值，每次观测中误差为 $3''$。对 B 角观测 9 次，取平均得 β 值，每次观测中误差为 $4''$。试确定 α、β 的权各是多少？

[解] 令 $C'=1$，则由定权公式

$$P_i = \frac{N_i}{C'}$$

得

$$P_\alpha = 4, \quad P_\beta = 9。$$

试问以上这样定权对吗？为什么？

3.3.43 设对某一长度进行同精度独立观测，已知一次观测中误差 $\sigma = 2\text{mm}$，设 4 次观测值平均值的权为 3。试求：(1)单位权中误差 σ_0；(2)一次观测值的权；(3)欲使平均值的权等于 9，应观测几次？

3.3.44 在相同条件下丈量两段距离，$S_1 = 100\text{m}$，$S_2 = 900\text{m}$，设对 S_1 丈量 3 次平均值的权 $P_{S_1} = 2$，求对 S_2 丈量 5 次平均值的权 P_{S_2}。

3.3.45 由已知水准点 A、B 和 C 向待定点 D 进行水准测量，以测定 D 点高程（图 3-11）。各线路长度为 $S_1 = 2\text{km}$，$S_2 = S_3 = 4\text{km}$，$S_4 = 1\text{km}$，设 2km 线路观测高差为单位权观测值，其中误差 $\sigma_0 = 2\text{mm}$，试求：(1)D 点高程最或是值（加权平均值）的中误差 σ_D；(2)A、D 两点间高差最或是值的中误差 σ_{AD}。

3.3.46 设有水准网如图 3-12 所示。网中 A、B 和 C 为已知水准点，$P_1 = P_3 = P_5 = 2$，$P_2 = P_4 = 5$，单位权中误差 $\sigma_0 = 2\text{mm}$，试求：(1)D 点高程最或是值（加权平均值）之中误差；(2)C、D 两点间高差最或是值之中误差 σ_{CD}。

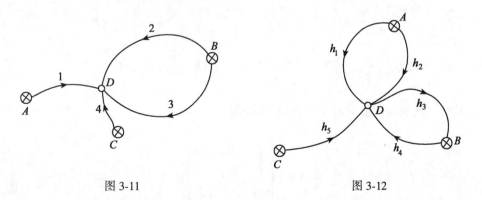

图 3-11　　　　　图 3-12

3-4 协因数阵与权阵

3.4.47 什么叫做协因数？什么叫做相关权倒数？它们与观测值的方差或协方差有何关系？

3.4.48 观测值向量的协因数阵和权阵各是怎样定义的？它们之间有什么关系？

3.4.49 设观测值向量 $\underset{n1}{L}$ 的协因数阵为 $\underset{nn}{Q_{LL}}$，权阵为 $\underset{nn}{P_{LL}}$，试问：(1)协因数阵的对角元素 Q_{ii} 是观测值 L_i 的权倒数吗？(2)权阵的对角元素 P_{ii} 是观测值 L_i 的权吗？为什么？

3.4.50 设有观测值 L_1 的权 $P_1=2$，其方差为 $\sigma_1^2=4$，又知观测值 L_2 的方差 $\sigma_2^2=6$，试求其权 P_2 及协因数 Q_{11} 和 Q_{22}。

3.4.51 已知观测值向量 $L=[L_1\ L_2]^{\mathrm{T}}$ 的权阵为 $P_L=\begin{bmatrix}2 & 1\\1 & 3\end{bmatrix}$，又知单位权方差 $\sigma_0^2=2$，试求协因数阵 Q_L、协方差阵 D_L 及相关系数。

3.4.52 已知观测值向量 $\underset{21}{L}$ 的协因数阵为

$$Q_{LL}=\begin{bmatrix}3 & -1\\-1 & 2\end{bmatrix},$$

试求观测值的权 P_{L_1} 和 P_{L_2}。

3.4.53 已知观测值向量 $\underset{21}{L}$ 的权阵为

$$P_{LL}=\begin{bmatrix}5 & -2\\-2 & 4\end{bmatrix},$$

试求观测值的权 P_{L_1} 和 P_{L_2}。

3.4.54 设有观测值向量 $\underset{21}{L}=[L_1\ L_2]^{\mathrm{T}}$ 的权阵为

$$P_{LL}=\begin{bmatrix}\dfrac{6}{5} & \dfrac{3}{5}\\[4pt] \dfrac{3}{5} & \dfrac{9}{5}\end{bmatrix},$$

单位权方差 $\sigma_0^2=3$。试求 σ_1^2、σ_2^2、σ_{12} 以及 P_{L_1}、P_{L_2}。

3.4.55 已知观测值向量 $\underset{21}{L}$ 的协方差阵为

$$D_{LL}=\begin{bmatrix}2 & -1\\-1 & 3\end{bmatrix}$$

以及 L_1 的协因数 $Q_{11}=\dfrac{2}{5}$，试求单位权方差 σ_0^2、权阵 P_{LL} 和 P_{L_1}、P_{L_2}。

3.4.56 已知观测值向量 $\underset{31}{Z}=\begin{bmatrix}\underset{21}{X}\\ \underset{11}{Y}\end{bmatrix}$ 的权阵为

$$P_{ZZ}=\begin{bmatrix}2 & 0 & -1\\0 & 2 & -1\\-1 & -1 & 2\end{bmatrix},$$

试求 P_{XX}、P_{YY} 以及 P_{x_1}、P_{x_2} 和 P_y。

3-5 协因数传播律

3.5.57 已知观测值向量 L_{31} 的协方差阵为

$$D_{LL}=\begin{bmatrix} 6 & 0 & -2 \\ 0 & 4 & 1 \\ -2 & 1 & 2 \end{bmatrix},$$

单位权方差 $\sigma_0^2=2$，现有函数 $F=L_1+3L_2-2L_3$，试求：(1)函数 F 的方差 D_F 和协因数 Q_F；(2)函数 F 关于观测值向量 L_{31} 的协方差阵 D_{FL} 和协因数阵 Q_{FL}。

3.5.58 已知观测值向量 L_{21} 的协方差阵为 $D_{LL}=\begin{bmatrix} 4 & -1 \\ -1 & 2 \end{bmatrix}$，观测值 L_1 的权 $P_1=1$，现有函数 $F_1=L_1+3L_2-4$，$F_2=5L_1-L_2+1$，试求：

(1) F_1 与 F_2 的权 P_{F_1} 与 P_{F_2}；

(2) F_1 与 F_2 的协方差及相关系数。是否统计相关？为什么？

3.5.59 已知观测值向量 L_{21} 的协方差阵为

$$D_{LL}=\begin{bmatrix} 4 & -1 \\ -1 & 2 \end{bmatrix},$$

观测值 L_1 的权 $P_{L_1}=1$，现有函数 $F_1=L_1+3L_2-4$，$F_2=5L_1-L_2+1$，试求：(1) F_1 与 F_2 是否统计相关？为什么？(2) F_1 与 F_2 的权 P_{F_1} 和 P_{F_2}。

3.5.60 设有一系列不等精度的独立观测值 L_1、L_2 和 L_3，它们的权分别为 P_1、P_2 和 P_3，试求下列各函数的权倒数(协因数)：

(1) $X=\sqrt{P_1}L_1$；

(2) $Y=\dfrac{1}{2}(L_1+L_2)+L_3$；

(3) $Z=L_1^2-L_3^3$。

3.5.61 已知观测值 a、b、c 的权分别为 $P_a=P_b=2$，$P_c=3$，$x=30°$，$y=60°$(无误差)，试求函数 $A=a\cdot\sin x+b\cdot\cos x+2c^2\sin x\cdot\cos y$ 的权 P_A。

3.5.62 设有函数 $F=f_1x+f_2y$，其中

$$\begin{cases} x=\alpha_1L_1+\alpha_2L_2+\cdots+\alpha_nL_n, \\ y=\beta_1L_1+\beta_2L_2+\cdots+\beta_nL_n, \end{cases}$$

α_i，$\beta_i(i=1,2,\cdots,n)$ 为无误差的常数，而 L_1，L_2，$\cdots$，L_n 的权分别为 P_1，P_2，$\cdots$，P_n，试求函数 F 的权倒数 $\dfrac{1}{P_F}$。

3.5.63 已知观测值向量 L_{21} 的协因数阵为

$$Q_{LL}=\begin{bmatrix} 2 & 1 \\ 1 & 2 \end{bmatrix},$$

试求向量

$$Y=\begin{bmatrix} Y_1 \\ Y_2 \end{bmatrix}=\begin{bmatrix} 1 & 1 \\ 2 & 1 \end{bmatrix}\begin{bmatrix} L_1 \\ L_2 \end{bmatrix}$$

的协因数阵 Q_{yy}。

3.5.64 已知观测值向量 L_{21} 的协因数阵为

$$Q_{LL} = \begin{bmatrix} 3 & 2 \\ 2 & 3 \end{bmatrix},$$

设有函数

$$Y = \begin{bmatrix} 1 & 1 \\ 2 & 1 \end{bmatrix} L,$$

$$Z = \begin{bmatrix} 2 & 1 \\ 1 & 1 \end{bmatrix} L,$$

$$W = 2Y + Z,$$

试求协因数阵 Q_{yy}、Q_{yz}、Q_{zz}、Q_{yw}、Q_{zw} 和 Q_{ww}。

3.5.65 在图 3-13 中,令方向观测值 $l_i(i=1,2,\cdots,10)$ 的协因数阵 $Q_{ll}=I$,试求角度观测值向量 L_{61} 的协因数阵 Q_{LL}。

3.5.66 在图 3-14 中,令方向观测值 $l_i(i=1,2,\cdots,12)$ 的协因数阵 $Q_{ll}=I$,试求角度观测值向量 L_{81} 的协因数阵 Q_{LL}。

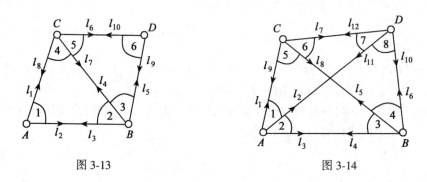

图 3-13   图 3-14

3.5.67 已知独立观测值向量 L_{n1} 的协因数阵为单位阵,组成方程

$$\underset{n1}{V} = \underset{nt}{B} \underset{t1}{X} - \underset{n1}{L},$$
$$B^T B X - B^T L = 0,$$

式中,$B^T B$ 为可逆阵。由上式得解向量

$$X = (B^T B)^{-1} B^T L$$

后,即可计算改正数向量 V 和平差值向量

$$\hat{L} = L + V。$$

(1) 试求协因数阵 Q_{XX} 和 $Q_{\hat{L}\hat{L}}$;

(2) 改正数向量 V 与 X,V 与 $\hat{L}$ 是否相关?试证明之。

3-6 由真误差计算中误差及其实际应用

3.6.68 在菲列罗公式 $\hat{\sigma}_\beta = \sqrt{\dfrac{\sum\limits_{i=1}^{n} W_i^2}{3n}}$ 中,W_i 代表什么量?n 是观测值的个数吗?计

算得到的 σ_β 是什么量的中误差？

3.6.69 一个观测对的差数 d 是双观测差的什么误差？为什么？

3.6.70 在公式 $\hat{\sigma}_0 = \sqrt{\dfrac{\sum\limits_{i=1}^{n} P_i d_i^2}{2n}}$ 中，P_i 是什么量的权？n 等于什么？求得的单位权中误差 $\hat{\sigma}_0$ 代表什么量的中误差？

3.6.71 某一距离分三段各往返丈量一次，其结果见表 3-1。令 1km 量距的权为单位权，试求：

(1) 该距离的最或是值 S；
(2) 单位权中误差；
(3) 全长一次测量中误差；
(4) 全长平均值的中误差；
(5) 第二段一次测量中误差。

表 3-1

段 号	往测/m	返测/m
1	1 000.009	1 000.007
2	2 000.011	2 000.009
3	3 000.008	3 000.010

3.6.72 有一水准路线分三段进行测量，每段均作往、返观测，观测值见表 3-2。

表 3-2

路线长度/km	往测高差/m	返测高差/m
2.2	2.563	2.565
5.3	1.517	1.513
1.0	2.526	2.526

令 2km 观测高差的权为单位权，试求：

(1) 单位权中误差；
(2) 各段一次观测高差的中误差；
(3) 各段高差平均值的中误差；
(4) 全长一次观测高差的中误差；
(5) 全长高差平均值的中误差。

3.6.73 一组不同精度观测值的真误差为 $\Delta_i (i=1, 2, \cdots, n)$，相应的权为 $p_i (i=1, 2, \cdots, n)$，如果要将 Δ_i 变换成一组同精度的观测值 Δ'_i，$\Delta'_i = a\Delta_i$，试求：

(1) a 的值；
(2) Δ'_i 的中误差。

3.6.74 两水准点 A、B 之间高差分 10 段测得，每条水准路线长度相等，均为 S，已知每条路线往返测高差之差为 $\Delta_i(i=1, 2, \cdots, 10)$，试求：

(1) 单位权中误差 σ_0；
(2) 往返测高差之差中误差；
(3) 全长高差平均值中误差。

3-7 系统误差的传播

3.7.75 何谓观测值的综合误差？它包括哪些误差？观测值的综合方差是怎样定义的？

3.7.76 试写出系统误差的传播公式及系统误差与偶然误差的联合传播公式。

3.7.77 用钢尺量距，共测量 12 个尺段，设量一尺段的偶然中误差（如照准误差等）为 $\sigma=0.001\text{m}$，钢尺的检定中误差为 $\varepsilon=0.0002\text{m}$，试求全长的综合中误差 $\sigma_\text{全}$。

3.7.78 设有相关观测值 $\underset{n1}{L}$ 的两组线性函数

$$Z = K L + K_0,$$
$$\underset{t1}{} \underset{tn}{} \underset{n1}{} \underset{t1}{}$$
$$Y = F L + F_0,$$
$$\underset{s1}{} \underset{sn}{} \underset{n1}{} \underset{s1}{}$$

已知 L 的综合误差为 $\underset{n1}{\Omega}=\underset{n1}{\Delta}+\underset{n1}{\varepsilon}$，式中 $\underset{n1}{\Delta}$ 和 $\underset{n1}{\varepsilon}$ 分别为观测值 L 的偶然误差与系统误差，L 的协方差阵为

$$D_{LL} = \begin{bmatrix} \sigma_1^2 & \sigma_{12} & \cdots & \sigma_{1n} \\ \sigma_{21} & \sigma_2^2 & \cdots & \sigma_{2n} \\ \vdots & \vdots & & \vdots \\ \sigma_{n1} & \sigma_{n2} & \cdots & \sigma_n^2 \end{bmatrix},$$

试求：Z 的综合方差阵 $D_{ZZ} = E(\Omega_Z \Omega_Z^\text{T})$ 及 Z 与 Y 的综合协方差阵 $D_{ZY} = E(\Omega_Z \Omega_Y^\text{T})$。

3.7.79 设 L_1、L_2 为同精度独立观测值，其中误差为 σ，试求：
(1) 函数 $Z=2L_1-L_2$ 的精度 D_Z；
(2) 当观测值还含有系统误差 ε_1、ε_2 时，D_Z 的值。

3.7.80 在图 3-15 中，已知方向观测值 L_1、L_2 相互独立，其真误差分别为：

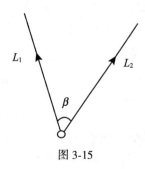

图 3-15

$\Omega_i = L_i - \tilde{L}_i = \Delta_i + \varepsilon_i$，$(i=1, 2)$，其中 $\tilde{L}_i$ 为真值，ε_i 为系统误差，且 $E(\Delta_i) = 0$，$E(\Omega_i) = \varepsilon_i$，$\sigma_i^2 = E(\Delta_i^2) = \sigma^2$，试求角度观测值 β 的方差。

3-8 综合练习题

3.8.81 设 $X \sim N(\mu, \sigma^2)$，$Y \sim N(\mu, \sigma^2)$，且设 X 和 Y 相互独立，试求：$Z_1 = X - Y$ 和 $Z_2 = \alpha X + \beta Y$ 的相关系数（其中，α，β 是不为零的常数）。

3.8.82 设 (X, Y) 服从二维正态分布，且有 $D(X) = \sigma_X^2$，$D(Y) = \sigma_Y^2$，$D_{XY} = 0$。试证：当 $\sigma_X^2 = a^2 \sigma_Y^2$ 时，随机变量 $W = X - aY$ 与 $V = X + aY$ 相互独立。

3.8.83 已知观测值向量 $\underset{21}{L}$ 的权阵为 $P = \begin{bmatrix} 0.4 & 0.2 \\ 0.2 & 0.6 \end{bmatrix}$，观测值 L_1 的中误差 $\sigma_1 = 3$，试求：

（1）函数 $x = L_1 L_2 - 4$ 的方差；
（2）函数 $y = 2L_1 + L_2 - 4$ 与 $z = 3L_2$ 的协方差及相关系数。

3.8.84 在图 3-16 的 $\triangle ABP$ 中，A、B 为已知点，L_1、L_2 和 L_3 为同精度独立观测值，其中误差 $\sigma = 1''$，试求平差后 P 点坐标 X、Y 的协方差阵。

3.8.85 有一水准路线如图 3-17 所示。图中 A、B 点为已知点，观测高差 h_1 和 h_2 以求 P 点的高程。设 h_1 和 h_2 的中误差分别为 σ_1 和 σ_2，且已知 $\sigma_1 = 2\sigma_2$，单位权中误差 $\sigma_0 = \sigma_2$。若要求 P 点高程的中误差 $\sigma_P = 2\text{mm}$，那么，观测精度 σ_1 和 σ_2 的值各应是多少？

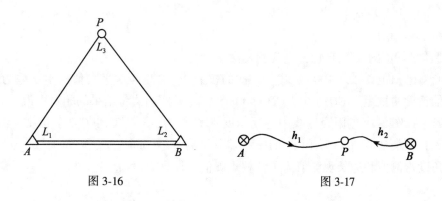

图 3-16　　　　　　　　　　图 3-17

3.8.86 已知观测值向量 $\underset{21}{L} = [L_1 \ L_2]^T$ 的协方差阵为 $D_{LL} = \begin{bmatrix} 3 & -1 \\ -1 & 2 \end{bmatrix}$，设有观测值函数 $Y_1 = 2L_1 L_2$ 和 $Y_2 = L_1 + L_2$，试求协方差 $\sigma_{Y_1 Y_2}$、$\sigma_{Y_1 L}$ 和 $\sigma_{Y_2 L_1}$。

3.8.87 在某测站上以顺时针方向独立观测三个方向 l_1、l_2、l_3，观测方差分别为 σ_1^2、σ_1^2、σ_2^2，试求：

（1）角度 $\alpha = l_2 - l_1$ 与 $\beta = l_3 - l_2$ 的协方差；
（2）α 与 β 的权之比。

3.8.88 图 3-18 为一闭合水准环，A 为已知高程点，B、C 为待定点，观测了高差 h_1，h_2，h_3，其路线长度分别为 $S_1 = 2\text{km}$，$S_2 = 1\text{km}$，$S_3 = 4\text{km}$。令 h_3 为单位权观测值，试

求将误差分配后，(1)各观测值的权；(2)C点高程的权。

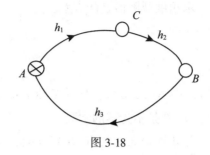

图 3-18

3.8.89 观测值 $L_{3,1}$ 的权阵为 $\begin{bmatrix} 3 & 0 & -1 \\ 0 & 2 & 0 \\ -1 & 0 & 3 \end{bmatrix}$，$L_1$ 的权 $p_1 =$ ___(1)___，若 L_2 的方差为 2cm^2，则 L_1 的方差 $\sigma_1^2 =$ ___(2)___、函数 $F=2L_1^2+L_3$ 的方差 $\sigma_F^2 =$ ___(3)___。

3.8.90 甲、乙二人对同一水准网进行平差，用公式 $p_i = C/S_i$ 定权（S_i 为水准路线长度，单位为 km）。甲取 $C=1$，得到改正数向量 V_1 及单位权方差因子 $\hat{\sigma}_{0_1}^2$，乙取 $C=5$，得到改正数向量 V_2 及单位权方差因子 $\hat{\sigma}_{0_2}^2$。问：(1)二人所得改正数 V_1、V_2 应有何关系；(2)单位权方差因子 $\hat{\sigma}_{0_1}^2$、$\hat{\sigma}_{0_2}^2$ 应有何关系。

3.8.91 设对某一角度进行同精度独立测量，已知一次观测精度 $\sigma = 4\text{mm}$，设 4 次观测值平均值的权为 3。试求：

(1)单位权中误差 σ_0；

(2)一次观测值的权；

(3)要使平均值的权等于 12，应观测几次？

3.8.92 已知距离 $AB=100\text{m}$，丈量一次的权为 2，丈量 4 次平均值的中误差为 2cm，若以同样的精度丈量距离 CD 16 次，$CD=400\text{m}$，试求两距离丈量结果的相对中误差。

3.8.93 在图 3-19 的附合导线中，同精度观测了 β_1、β_2、β_3 和 β_4 4 个角度，测角中误差 $\sigma_\beta = 3''$，观测边长 S_1、S_2 和 S_3 的中误差分别为 $\sigma_{S_1}=6\text{mm}$，$\sigma_{S_2}=9\text{mm}$，$\sigma_{S_3}=12\text{mm}$，试分别以角度观测值和边长观测值为单位权观测值，计算 P_{β_i} 和 P_{S_j}。

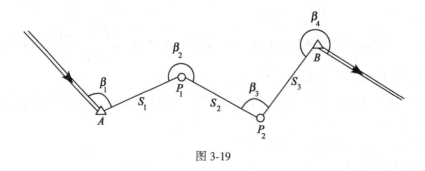

图 3-19

3.8.94 已知观测值向量 L_{21} 的权阵为

$$P_{LL} = \begin{bmatrix} \dfrac{2}{3} & \dfrac{1}{3} \\ \dfrac{1}{3} & \dfrac{2}{3} \end{bmatrix},$$

现有函数 $X = L_1 + L_2$，$Y = 3L_1$，试求 Q_{XY}、Q_{XL}、Q_{YL} 以及观测值的权 P_{L_1} 和 P_{L_2}。

3.8.95　已知观测值向量 $\underset{31}{L}$ 的协方差阵为

$$D_{LL} = \begin{bmatrix} 3 & 0 & -1 \\ 0 & 4 & 1 \\ -1 & 1 & 2 \end{bmatrix},$$

单位权方差 $\sigma_0^2 = 2$。现有函数 $\varphi_1 = L_1 \cdot L_2$，$\varphi_2 = 2L_1 - L_3$，试求 D_{φ_1}、D_{φ_2}、$D_{\varphi_1\varphi_2}$ 以及 Q_{φ_1}、Q_{φ_2} 和 $Q_{\varphi_1\varphi_2}$。

3.8.96　设有观测值向量 $\underset{31}{L} = [L_1\ L_2\ L_3]^T$，其权阵为

$$P_{LL} = \dfrac{1}{8} \begin{bmatrix} 5 & -2 & 1 \\ -2 & 4 & -2 \\ 1 & -2 & 5 \end{bmatrix},$$

试问：（1）$\underset{31}{L}$ 中各观测值是否相互独立？

（2）设 $L' = [L_1\ L_2]^T$，求 $P_{L'L'}$。

3.8.97　单一三角形的三个观测角 L_1、L_2 和 L_3 的协因数阵 $Q_{LL} = I$，现将三角形闭合差平均分配到各角，得 $\hat{L}_i = L_i - \dfrac{W}{3}$，式中 $W = L_1 + L_2 + L_3 - 180°$，

（1）试求 W、$\hat{L}_1$、$\hat{L}_2$ 和 $\hat{L}_3$ 的权；

（2）W 与 $\underset{31}{\hat{L}} = [\hat{L}_1\ \hat{L}_2\ \hat{L}_3]^T$ 是否相关？试证明之。

3.8.98　在图 3-20 中，为了确定测站 A 上 B、C、D 方向间的关系，同精度观测了三个角度，其值为 $L_1 = 45°02'$，$L_2 = 85°00'$，$L_3 = 40°01'$。设单位权中误差 σ_0 等于测角中误差 σ，即 $\sigma_0 = \sigma = 1''$，试求：（1）观测角平差值的协因数阵；（2）$\angle BAC$ 与 $\angle CAD$ 平差值的协因数。

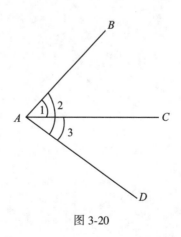

图 3-20

3.8.99 设测站点的平面位置由角度 θ(30°)和距离 s(200m)给出，已知其中误差 $\sigma_\theta=20''$，$\sigma_s=0.10$m 相关系数 $\rho=0.50$，坐标增量 $\Delta x=s\cdot\cos\theta$，$\Delta y=s\cdot\sin\theta$。

(1)试求向量 $L=\begin{bmatrix}\theta\\s\end{bmatrix}$ 的协方差阵 D_L；

(2)设单位权方差 $\sigma_0^2=0.0010$m^2，试求向量 $Z=\begin{bmatrix}\Delta x\\\Delta y\end{bmatrix}$ 的协因数阵 Q_Z。

3.8.100 平面等边测角网如图 3-21 所示，A、B 为已知点，观测角度 1~9。已知一测回测角中误差为 12.0″，试估算每个角度需观测多少测回才能使 DE 边的边长相对中误差不超过 1/20 000。（取 $\rho=2\times10^5$）

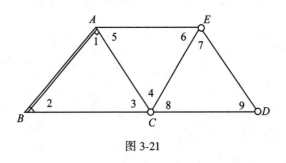

图 3-21

第四章 平差数学模型与最小二乘原理

4-1 测量平差概述

4.1.01 误差发现的必要条件是什么？

4.1.02 几何模型的必要元素与什么有关？必要元素数就是必要观测数吗？为什么？

4.1.03 必要观测值的特性是什么？在进行平差前，我们首先要确定哪些量？如何确定几何模型中的必要元素？试举例说明。

4-2 函数模型

4.2.04 四种基本平差方法的函数模型是按照什么来区分的？

4.2.05 平差的函数模型中的未知量是什么？已知量是什么？

4.2.06 在平差的函数模型中，n、t、r、u、s、c 等字母各代表什么量？它们之间有何关系？

4.2.07 试确定图 4-1 所示的图形中条件方程的个数。

(a) 已知点：A、B
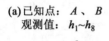
观测值：$h_1 \sim h_8$

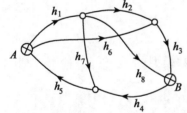

(b) 已知点：A、B、C
观测值：$h_1 \sim h_{12}$

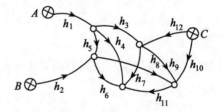

(c) 已知值：X_A、Y_A、X_B、Y_B
观测值：$L_1 \sim L_{19}$

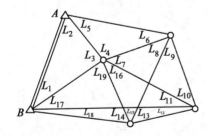

(d) 已知值：X_A、Y_A、X_B、Y_B、α_{AC}、α_{BD}
观测值：$\beta_1 \sim \beta_6$、$S_1 \sim S_5$

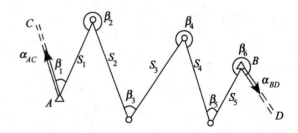

图 4-1

4.2.08 试按条件平差法列出图 4-2 所示图形的函数模型。

(a) 已知点：A、B
观测值：$h_1 \sim h_4$

(b) 已知点：A、B
观测值：$\beta_1 \sim \beta_3$，S_1、S_2

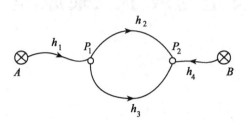
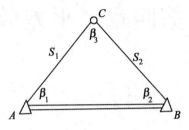

图 4-2

4.2.09 试按条件平差法列出图 4-3 所示图形的函数模型。

(a) 已知点：A、B
观测值：$L_1 \sim L_6$

(b) 已知点：A、B
观测值：$L_1 \sim L_8$ (方向)

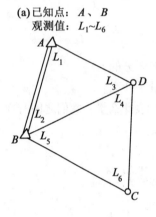
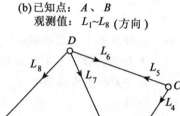

图 4-3

4.2.10 试按间接平差法列出图 4-4 所示图形的函数模型。

(a) 观测值：$L_1 \sim L_3$
参数：AB 间距离 $\tilde{X}$

(b) 已知点：A、B
观测值：$h_1 \sim h_5$
参数：C、D 两点高程 $\tilde{H}_C$、$\tilde{H}_D$

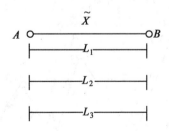
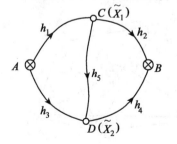

图 4-4

4.2.11 试按间接平差法列出图 4-5 所示图形的函数模型。

(a) 已知值：$\angle ABC$
观测值：$L_1 \sim L_3$
参数：边长 $\tilde{L}_1$、$\tilde{L}_2$

(b) 已知点：A、B、C
观测值：$S_1 \sim S_3$
参数：P 点坐标 $\tilde{X}_P$、$\tilde{Y}_P$

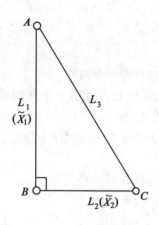
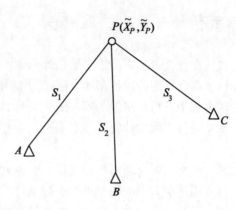

图 4-5

4-3 函数模型的线性化

4.3.12 通常用什么公式将非线性函数模型转化成线性函数模型？并说明应具备什么条件。

4.3.13 在下列非线性方程中，A、B 为已知值，L_i 为观测值，$\tilde{L}_i = L_i + \Delta_i$，写出其线性化的形式。

(1) $\tilde{L}_1 \cdot \tilde{L}_2 - A = 0$；

(2) $\tilde{L}_1^2 + \tilde{L}_2^2 - A^2 = 0$；

(3) $\dfrac{\sin \tilde{L}_1 \sin \tilde{L}_3}{\sin \tilde{L}_2 \sin \tilde{L}_4} - 1 = 0$；

(4) $A \cdot \dfrac{\sin \tilde{L}_3 \sin(\tilde{L}_4 + \tilde{L}_5)}{\sin \tilde{L}_5 \sin \tilde{L}_6} - B = 0$。

4.3.14 试将非线性方程

$$\arctan \dfrac{\tilde{Y}_D - Y_A}{\tilde{X}_D - X_A} + \tilde{\beta}_1 + \tilde{\beta}_4 - \alpha_{AB} = 0$$

线性化(式中 X_A、Y_A、α_{AB} 为已知值，$\tilde{X}_D$、$\tilde{Y}_D$ 为参数真值，且 $\tilde{X}_D = X_D^0 + \hat{x}_D$，$\tilde{Y}_D = Y_D^0 + \hat{y}_D$；$\tilde{\beta}_1$、$\tilde{\beta}_4$ 为观测值真值，且 $\tilde{\beta}_i = \beta_i + \Delta_i$)。

4-4 测量平差的数学模型

4.4.15 测量平差的函数模型和随机模型分别表示哪些量之间的什么关系？

4.4.16 观测值的真值是不可求的，通常用什么量来估计真值？

4-5 参数估计与最小二乘原理

4.5.17 在什么情况下产生参数估计问题？所估计的是哪些参数？

4.5.18 在已介绍的四种基本平差方法的函数模型中，其方程的一个共同特点是什么？能否从方程中获得待求量的唯一解？为什么？

4.5.19 进行参数估计的准则有多种，为什么要选择最小二乘原理作为参数估计的准则？

4.5.20 最小二乘原理的核心是什么？由此估计的参数具有哪些性质？

4.5.21 用最小二乘准则来进行参数估计，对观测误差有无要求？

4.5.22 对某一未知量进行了 n 次同精度独立观测，得观测值 L_1，L_2，$\cdots$，L_n，如果用算术平均值作为未知量的估值，这个估值是根据什么准则得到的？

4.5.23 最小二乘法与最大似然估计有什么关系？

4.5.24 设观测值 $L_i(i=1, 2, \cdots, n) \sim N(\mu, \sigma_i^2)$，现有两个统计量 $X_1 = \frac{1}{n}\sum_{i=1}^{n} L_i$ 和 $\hat{X}_2 = L_i$，指出：(1) 满足无偏性的统计量；(2) 满足一致性的统计量。

4.5.25 当平差后的参数 $\hat{X}$ 具有何种统计性质时，称为最优无偏估计。

4-6 综合练习题

4.6.26 指出下面所列方程属于基本平差方法中的哪一类函数模型，并说明每个方程中的 n、t、r、u、c、s 等量各为多少。（式中 A、B 为已知值）

$$\tilde{L}_1 + \tilde{L}_5 + \tilde{L}_6 = 0 \qquad \tilde{L}_1 = \tilde{X}_1 - A$$
$$\tilde{L}_2 - \tilde{L}_6 + \tilde{L}_7 = 0 \qquad \tilde{L}_2 = -\tilde{X}_1 + \hat{X}_2$$
$$\tilde{L}_3 + \tilde{L}_4 - \tilde{L}_7 = 0 \qquad \tilde{L}_3 = -\tilde{X}_2 + \hat{X}_3$$
$$\tilde{L}_5 + \tilde{X} - A = 0 \qquad \tilde{L}_4 = -\tilde{X}_3 + A$$
$$\tilde{L}_4 - \tilde{X} + B = 0 \qquad \tilde{L}_5 = -\tilde{X}_1 + \tilde{X}_3$$
$$\text{(a)} \qquad \qquad \text{(b)}$$

$$\tilde{L}_1 = \tilde{X}_2 \qquad \tilde{L}_1 + \tilde{L}_2 + \tilde{L}_3 = 0$$
$$\tilde{L}_2 = \tilde{X}_1 - \tilde{X}_2 \qquad \tilde{L}_4 + \tilde{L}_5 + \tilde{L}_6 = 0$$
$$\tilde{L}_3 = -\tilde{X}_1 + \tilde{X}_3 \qquad \tilde{L}_7 + \tilde{L}_8 + \tilde{L}_9 = 0$$

$$\tilde{L}_4 = -\tilde{X}_3 + A \qquad \tilde{L}_{10} + \tilde{L}_{11} + \tilde{L}_{12} = 0$$

$$\tilde{L}_5 = \tilde{X}_1 - A \qquad \tilde{L}_1 + \tilde{L}_3 + \tilde{L}_4 + \tilde{L}_8 + \tilde{L}_9 + \tilde{L}_{10} + A = 0$$

$$\tilde{X}_2 - \tilde{X}_3 + B = 0$$

(c) (d)

4.6.27 在图4-6的水准网中，A为已知点，B、C、D、E为待定点，观测了9条路线的高差$h_1 \sim h_9$，试问该模型可列出多少个条件方程？

4.6.28 在图4-6的水准网中，列出下列四种情况的函数模型，并指出方程的个数：

(1) 选取B、C、D三点的高程平差值为参数；
(2) 选取$h_1 \sim h_5$的高差平差值为参数；
(3) 选取$h_5 \sim h_8$的平差值为参数；
(4) 选取B、E两点间的高差为参数。

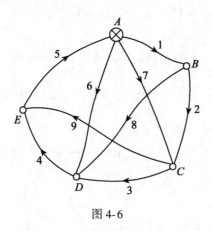

图4-6

4.6.29 某平差问题的必要观测数为t，多余观测数为r，参数个数为u。若$u=t$，试问：

(1) 宜采用何种平差方法，写出其函数模型；
(2) 在何种情况下，平差的函数模型为附有参数的条件平差。

4.6.30 如图4-7所示，在已知高程的水准点A、B（高程无误差）之间布设新水准点P_1、P_2。各段观测高差及水准线路长度如下：

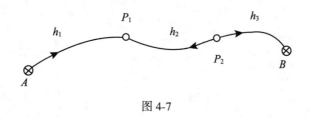

图4-7

$h_1 = 0.306\text{m}$，$h_2 = 0.104\text{m}$，$h_3 = 0.206\text{m}$，$H_A = 8.200\text{m}$，$H_B = 8.600\text{m}$；
$S_1 = 2\text{km}$，$S_2 = 3\text{km}$，$S_3 = 2\text{km}$；

$h_1 = 0.306$m，$h_2 = 0.104$m，$h_3 = 0.206$m，$H_A = 8.200$m，$H_B = 8.600$m。

请按以下要求写出平差的函数模型：

（1）不设立未知数；

（2）设 $\hat{h}_2$ 为未知数；

（3）设 P_1、P_2 点的高程为未知数；

（4）设 $\hat{h}_1$、P_1、P_2 点的高程为未知数。

4.6.31 水准网图 4-8 中共有 7 段观测高差，按下列几种情况分别引入参数后，需用哪种平差方法，并写出所用平差方法的线性模型。

（1）$\hat{x} = \begin{bmatrix} \hat{x}_1 & \hat{x}_2 & \hat{x}_3 \end{bmatrix}^T = \begin{bmatrix} \hat{H}_B & \hat{H}_C & \hat{h}_7 \end{bmatrix}^T$；

（2）$\hat{x} = \begin{bmatrix} \hat{x}_1 & \hat{x}_2 & \hat{x}_3 & \hat{x}_4 \end{bmatrix}^T = \begin{bmatrix} \hat{h}_1 & \hat{h}_2 & \hat{h}_3 & \hat{h}_4 \end{bmatrix}^T$

（3）$\hat{x} = \begin{bmatrix} \hat{x}_1 & \hat{x}_2 & \hat{x}_3 & \hat{x}_4 \end{bmatrix}^T = \begin{bmatrix} \hat{h}_1 & \hat{h}_2 & \hat{H}_D & \hat{H}_E \end{bmatrix}^T$；

（4）$\hat{x} = \begin{bmatrix} \hat{x}_1 & \hat{x}_2 & \hat{x}_3 & \hat{x}_4 & \hat{x}_5 \end{bmatrix}^T = \begin{bmatrix} \hat{h}_1 & \hat{h}_2 & \hat{h}_5 & \hat{h}_6 & \hat{h}_7 \end{bmatrix}^T$；

（5）$\hat{x} = \begin{bmatrix} \hat{x}_1 & \hat{x}_2 & \hat{x}_3 & \hat{x}_4 & \hat{x}_5 \end{bmatrix}^T = \begin{bmatrix} \hat{H}_B & \hat{h}_2 & \hat{H}_D & \hat{H}_E & \hat{h}_5 \end{bmatrix}^T$。

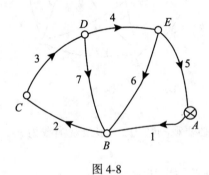

图 4-8

第五章 条件平差

5-1 条件平差原理

5.1.01 条件平差中求解的未知量是什么？能否由条件方程 $\underset{rnn1}{A}V-\underset{r1}{W}=0$ 直接求得 $\underset{n1}{V}$？

5.1.02 设某一平差问题的观测个数为 n，必要观测数为 t，若按条件平差法进行平差，其条件方程、法方程及改正数方程的个数各为多少？

5.1.03 试用符号写出按条件平差法平差时，单一附合水准路线中（图 5-1）各观测值平差值的表达式。

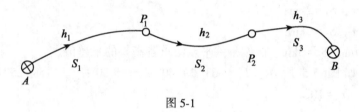

图 5-1

5.1.04 在图 5-2 中，已知 A、B 的高程为 $H_A = 12.123$m，$H_B = 12.536$m，$H_C = 11.123$m 观测高差和线路长度为：

$S_1 = 2$km，$S_2 = 2$km，$S_3 = 1$km，$S_4 = 1$km，$h_1 = -2.003$m，$h_2 = -2.418$m，$h_3 = 1.500$m，$h_4 = 0.501$m，求改正数条件方程和各段高差的平差值。

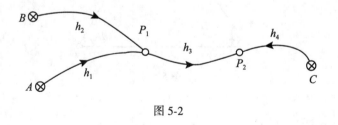

图 5-2

5.1.05 在图 5-3 的水准网中，A 为已知点，B、C、D 为待定点，已知点高程 $H_A = 10.000$m，观测了 5 条路线的高差：

$h_1 = 1.628$m，
$h_2 = 0.821$m，
$h_3 = 0.715$m，

$h_4 = 1.502$m，

$h_5 = -2.331$m。

各观测路线长度相等，试求：(1)改正数条件方程；(2)各段高差改正数及平差值。

5.1.06 有水准网如图5-4所示，其中 A、B、C 三点高程未知，现在其间进行了水准测量，测得高差及水准路线长度为

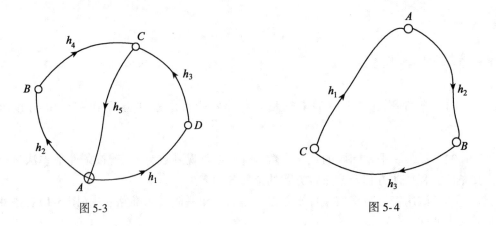

图 5-3   图 5-4

$h_1 = 1.335$m，$S_1 = 2$km；

$h_2 = 1.055$m，$S_2 = 2$km；

$h_3 = -2.396$m，$S_3 = 3$km。试按条件平差法求各高差的平差值。

5.1.07 如图 5-5 所示，$L_1 = 63°19'40''$，$\sigma_1 = 30''$；$L_2 = 58°25'20''$，$\sigma_2 = 20''$；$L_3 = 301°45'42''$，$\sigma_3 = 10''$。

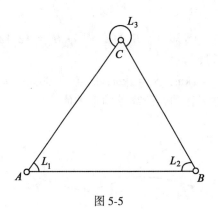

图 5-5

(1)列出改正数条件方程；

(2)试用条件平差法求∠C 的平差值(注：∠C 是指内角)。

5-2 条件方程

5.2.08 对某一平差问题，其条件方程的个数和形式是否唯一？

5.2.09 列立条件方程时要注意哪些问题？如何使得一组条件方程彼此线性无关？

5.2.10 指出图 5-6 中各水准网条件方程的个数（水准网中 P_i 表示待定高程点，h_i 表示观测高差）。

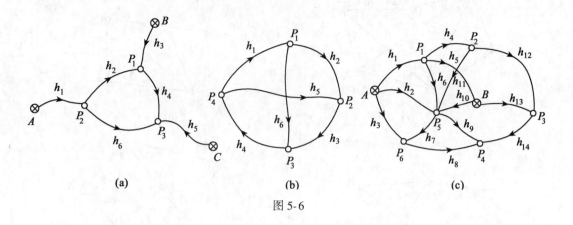

图 5-6

5.2.11 指出图 5-7 中各测角网按条件平差时条件方程的总数及各类条件的个数（图中 P_i 为待定坐标点）。

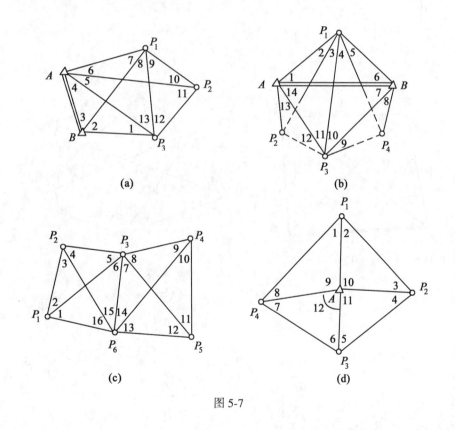

图 5-7

5.2.12 指出图 5-8 中各测角网按条件平差时条件方程的总数及各类条件的个数（图中 P_i 为待定坐标点，$\tilde{S}_i$ 为已知边，$\tilde{\alpha}_i$ 为已知方位角）。

5.2.13 试指出图 5-9 中各图形按条件平差时条件方程的总数及各类条件的个数（图

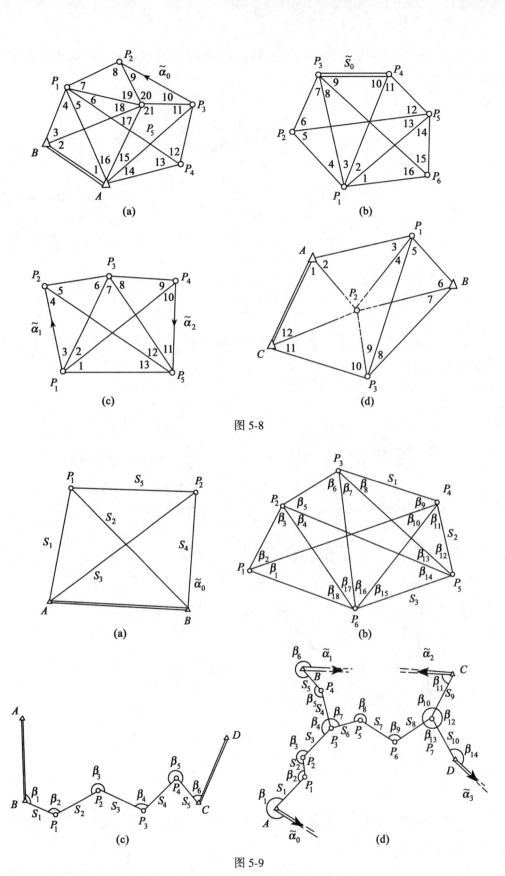

图 5-8

图 5-9

中 P_i 为待定坐标点，β_i 为角度观测值，S_i 为边长观测值，$\tilde{S}_i$ 为已知边长，$\tilde{\alpha}_i$ 为已知方位角）。

5.2.14 试按条件平差法列出图 5-10 所示的水准网的全部条件方程（P_i 为待定点，h_i 为观测高差）。

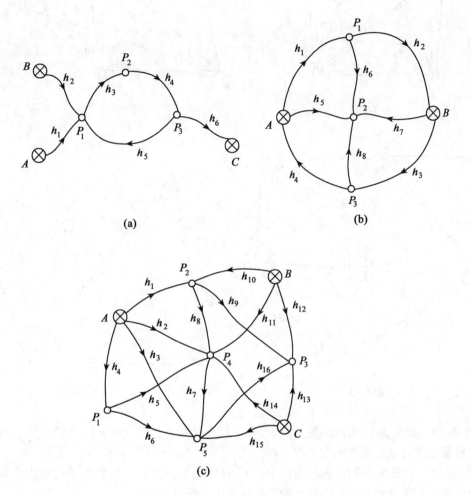

图 5-10

5.2.15 图 5-11 中，A、B 为已知点，P_1、P_2、P_3 为待定坐标点，观测了 11 个角度，试列出全部平差值条件方程。

5.2.16 图 5-12 中，A、B 为已知坐标点，P_1、P_2、P_3 为待定点，观测了 12 个角度和 2 条边长 S_1、S_2，试列出全部平差值条件方程。

5.2.17 如图 5-13 所示的三角网中，A、B 为已知点，FG 为已知边长，观测角 L_i（$i=1, 2, \cdots, 20$），观测边 S_j（$j=1, 2$），则

(1) 在对该网平差时，共有几种条件？每种条件各有几个？

(2) 用文字符号列出全部条件式（非线性不必线性化）。

5.2.18 如图 5-14 所示，A、B 为已知点，CP 为已知方位角，试列出全部条件方程。

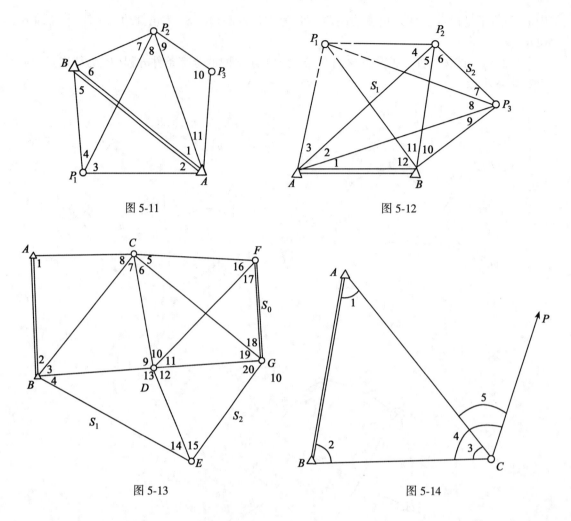

图 5-11   图 5-12

图 5-13   图 5-14

5.2.19 如图 5-15 所示的测角网中，A、B 为已知点，P_1、P_2、P_3 为待定点，观测了 11 个角度，试列出全部改正数条件方程。

5.2.20 如图 5-16 所示的测角网中，A、B 为已知点，P_1、P_2、P_3 为待定点，观测了 13 个角度和 1 条边长 S，试列出全部改正数条件方程。

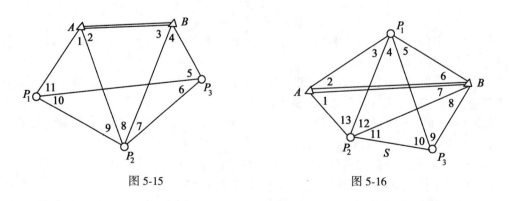

图 5-15   图 5-16

5.2.21 有水准网如图 5-17 所示，试列出该网的改正数条件方程。

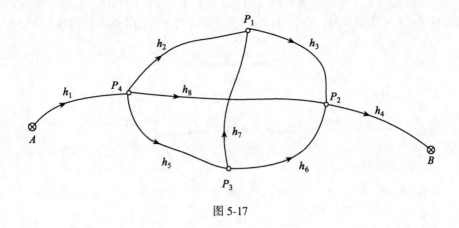

图 5-17

已知数据：$H_A=31.100$m，$H_B=34.165$m；$h_1=1.001$m，$S_1=1$km；$h_2=1.002$m，$S_2=2$km；$h_3=0.060$m，$S_3=2$km；$h_4=1.000$m，$S_4=1$km；$h_5=0.500$m，$S_5=2$km；$h_6=0.560$m，$S_6=2$km；$h_7=0.504$m，$S_7=2.5$km；$h_8=1.064$m，$S_8=2.5$km。

5.2.22 图 5-18 中，A、B 为已知坐标点，P 为待定点，观测了边长 S 和方位角 α_1、α_2、α_3，试列出全部改正数条件方程。

5.2.23 在图 5-19 中，已知 A、B 两点的坐标，P_1、P_2 为待定点，同精度测得各角度值如下所示：

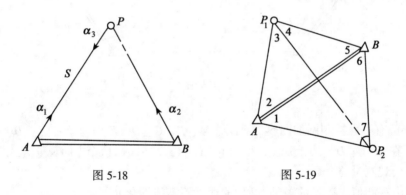

图 5-18　　　　　图 5-19

角号	观测值	角号	观测值
1	41°54′28″	5	46°47′18″
2	48°43′33″	6	61°56′52″
3	50°45′49″	7	76°08′37″
4	33°43′25″		

试按条件平差法列出改正数条件方程。

5.2.24 已知某中点 N 边形(图 5-20)的 $N+1$ 个点都是待定点，现拟下列两种方案观测此网：

方案 1：观测了 N 个三角形的内角，观测个数为 $n=3N$；

33

方案 2：除观测了 N 个三角形的内角外，还观测了一条边的长度，观测个数为 $n=3N+1$，问当按条件平差法平差此网时，这两种情况下所列的条件方程的个数是否相等，为什么？

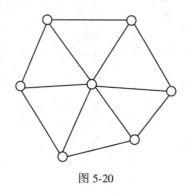

图 5-20

5.2.25 如图 5-21 所示，A、B、C、D 为已知点，由 A、C 分别观测位于直线 AC 上的点 P。观测边长 S_1、S_2 及角度 α、β。
(1) 问此问题的多余观测数 r 等于几？
(2) 若采用条件平差法计算，试列出条件方程式（非线性方程不必线性化）。

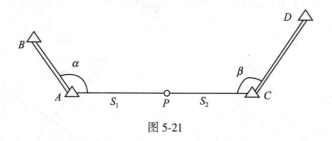

图 5-21

5.2.26 有平面控制网如图 5-22 所示，A、B、C、D、E 均为待定点，D、C 间的边长 S_0 为已知。在 A、C、D 三点上观测，得到了 $L_i(i=1,2,\cdots,11)$ 个方向观测值，试求：
(1) 多余观测量的个数；
(2) 列出观测值应满足的条件方程（非线性不需线性化）。

5.2.27 为量测一房屋面积（图 5-23），测该房屋四角，得四个角上的坐标观测值 X_i，Y_i：

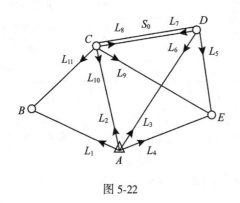

图 5-22

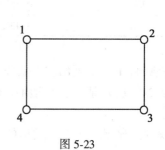

图 5-23

	X/cm	Y/cm
1	39.94	28.97
2	39.90	35.86
3	20.36	35.92
4	20.46	28.91

试列出条件方程。

5.2.28 如图 5-24 所示，在数字化地图上进行一条道路两边（平行）的数字化，每边各数字化了 2 个点，试按条件平差写出其条件方程。

5.2.29 图 5-25 为一长方形，$L=[L_1 \ L_2]^T=[9.40 \ 7.50]^T(\text{cm})$ 为同精度独立边长观测值，已知长方形面积为 70.2cm^2（无误差），试用条件平差法求平差后长方形对角线 S 的长度。

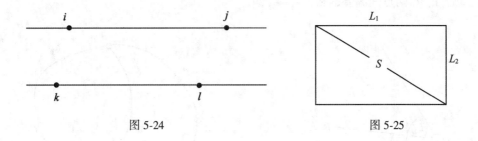

图 5-24　　　　　　　　图 5-25

5-3 精度评定

5.3.30 在条件平差中，能否根据已列出的法方程计算单位权方差？

5.3.31 以条件平差为例，观测值的协因数阵为 Q，观测值平差后的协因数阵 $Q_{\hat{L}\hat{L}}$ 较之平差前数值是减小还是增大？写出 $Q_{\hat{L}\hat{L}}$ 和 Q 之间的关系。

5.3.32 如图 5-26 所示的三角网中，A、B 为已知点，C、D 为待定点，$L_1 \sim L_6$ 为独立同精度角度观测值，试用条件平差法求角 $\angle ABC$ 平差后的权。

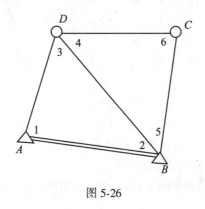

图 5-26

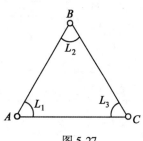

图 5-27

5.3.33 在图 5-27 的 △ABC 中，按同精度测得 L_1、L_2 及 L_3，试求：(1)平差后 A 角的权 P_A；(2)在求平差后 A 角的权 P_A 时，若设 $F_1 = \hat{L}_1$ 或 $F_2 = 180° - \hat{L}_2 - \hat{L}_3$，最后求得的 P_{F_1} 与 P_{F_2} 是否相等？为什么？(3)求 A 角平差前的权与平差后的权之比；(4)求平差后三角形内角和的权倒数；(5)平差后三内角之和的权倒数等于零，这是为什么？

5.3.34 在图 5-28 中，同精度测得 $L_1 = 35°20'15''$，$L_2 = 35°20'15''$，$L_3 = 35°20'15''$。试求平差后 ∠AOB 的权。

5.3.35 如图 5-29 所示的水准网中，测得各点间高差为：
$h_1 = 1.357$m，$h_2 = 2.008$m，$h_3 = 0.353$m，$h_4 = 1.000$m，$h_5 = -0.657$m，$S_1 = 1$km，$S_2 = 1$km，$S_3 = 1$km，$S_4 = 1$km，$S_5 = 2$km。设 $C = 1$，试求：(1)平差后 A、B 两点间高差的权；(2)平差后 A、C 两点间高差的权。

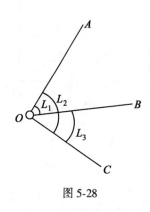

图 5-28

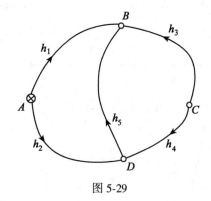

图 5-29

5.3.36 有水准网如图 5-30 所示，测得各点间高差为 $h_i (i = 1, 2, \cdots, 7)$，已算得水准网平差后高差的协因数阵为：

$$Q_{\hat{L}} = \frac{1}{21} \begin{bmatrix} 13 & -8 & -3 & -1 & -1 & 2 & -5 \\ -8 & 13 & -3 & -1 & -1 & 2 & -5 \\ -3 & -3 & 12 & -3 & -3 & 6 & 6 \\ -1 & -1 & -3 & 13 & -8 & -5 & 2 \\ -1 & -1 & -3 & -8 & 13 & -5 & 2 \\ 2 & 2 & 6 & -5 & -5 & 10 & -4 \\ -5 & -5 & 6 & 2 & 2 & -4 & 10 \end{bmatrix},$$

试求：(1)待定点 A、B、C、D 平差后高程的权；
(2)C、D 两点间高差平差值的权。

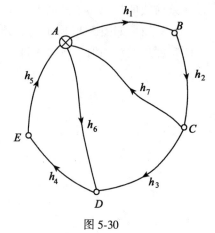

图 5-30

5.3.37 如图 5-31 所示的三角网中，A、B 为已知点，C、D、E、F 为待定点，同精度观测了 15 个内角，试写出：
(1)图中 CD 边长的权函数式；

（2）平差后 L_8 的权函数式。

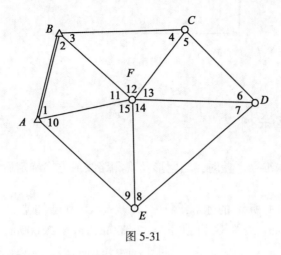

图 5-31

5.3.38 有大地四边形如图 5-32 所示，A、C 为已知点，B、D 为待定点，同精度观测了 8 个角度，各观测值为：

$L_1 = 63°14'25.02''$，$L_2 = 23°28'50.06''$，$L_3 = 23°31'29.31''$，$L_4 = 69°45'14.74''$，
$L_5 = 61°40'57.38''$，$L_6 = 25°02'19.23''$，$L_7 = 27°24'08.77''$，$L_8 = 65°52'35.08''$，

试列出平差后 BD 边的权函数式。

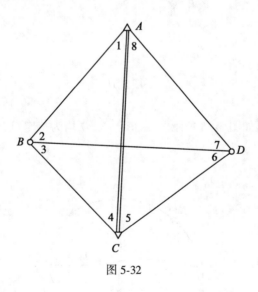

图 5-32

5.3.39 如图 5-33 所示，试按条件平差法求证：在单一水准路线中平差后高程最弱点在水准路线中央。

5.3.40 已知条件式为 $AV-W=0$，其中 $W=-AL$，观测值协因数阵为 Q。现有函数式 $F=f^T(L+V)$，（1）试求 Q_{FF}；（2）试证：V 和 F 是互不相关的。

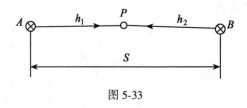

图 5-33

5-4 水准网平差示例

5.4.41 在进行水准网平差时,当网形及观测路线或方案确定后,能否在观测前估计出网中的精度最弱点?

5.4.42 如图 5-34 所示的水准网中,A、B、C 为已知点,$H_A = 12.000\text{m}$,$H_B = 12.500\text{m}$,$H_C = 14.000\text{m}$;高差观测值 $h_1 = 2.500\text{m}$,$h_2 = 2.000\text{m}$,$h_3 = 1.352\text{m}$,$h_4 = 1.851\text{m}$;$S_1 = 1\text{km}$,$S_2 = 1\text{km}$,$S_3 = 2\text{km}$,$S_4 = 1\text{km}$,试按条件平差法求高差的平差值 $\hat{h}$ 及 P_2 点的精度 σ_{P_2}。

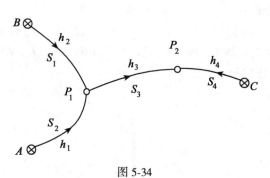

图 5-34

5.4.43 有水准网如图 5-35 所示,A、B、C、D 均为待定点,独立同精度观测了 6 条路线的高差:

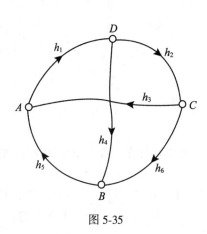

图 5-35

$h_1 = 1.576\text{m}$, $h_2 = 2.215\text{m}$, $h_3 = -3.800\text{m}$,
$h_4 = 0.871\text{m}$, $h_5 = -2.438\text{m}$, $h_6 = -1.350\text{m}$。
试按条件平差法求各高差的平差值。

5.4.44 在水准网(图 5-36)中，观测高差及路线长度见下表：

序号	观测高差/m	路线长/km
h_1	10.356	1.0
h_2	15.000	1.0
h_3	20.360	2.0
h_4	14.501	2.0
h_5	4.651	1.0
h_6	5.856	1.0
h_7	10.500	2.0

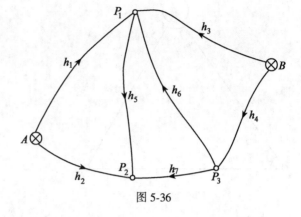

图 5-36

已知点 A、B 的高程为

$$\begin{cases} H_A = 50.000\text{m}, \\ H_B = 40.000\text{m}, \end{cases}$$

试用条件平差法求：(1)各高差的平差值；(2)平差后 P_1 点到 P_2 点间高差的中误差。

5.4.45 水准网(图 5-37)的观测高差及水准路线长度见下表：

观测值号	观测高差/m	路线长/km
h_1	+189.404	3.1
h_2	+736.977	9.3
h_3	+376.607	59.7
h_4	+547.576	6.2
h_5	+273.528	16.1
h_6	+187.274	35.1
h_7	+274.082	12.1
h_8	+86.261	9.3

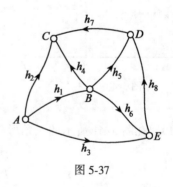

图 5-37

试按条件平差法求：(1)各高差的平差值；(2)A 点到 E 点平差后高差的中误差；(3)E 点到 C 点平差后高差的中误差。

5-5 综合练习题

5.5.46 有三角形如图 5-38 所示，$L_1 \sim L_4$ 为独立同精度角度观测值，试按条件平差

法导出 L_3 的平差值。

5.5.47 如图 5-39 所示，一矩形两边的独立同精度观测值 $L = [L_1 \ L_2]^T = [8.60 \ 8.50]^T$ cm，已知矩形的对角线为 10cm（无误差），求平差后矩形的面积 $\hat{S}$ 及精度 σ_S。

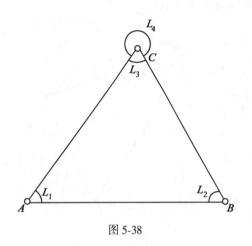

图 5-38

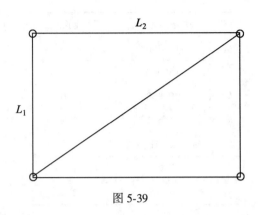

图 5-39

5.5.48 在图 5-40 所示的直角三角形 ABC 中，为确定 C 点坐标观测了边长 S_1、S_2 和角度 β，得观测值列于下表，试按条件平差法求：(1)观测值的平差值；(2)C 点坐标的估值。

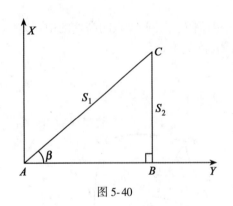

图 5-40

	观测值	中误差
β	45°00′00″	10″
S_1	215.465m	2cm
S_2	152.311m	3cm

5.5.49 在图 5-41 所示的三角形 ABC 中，测得下列观测值：
$\beta_1 = 52°30′20″$,
$\beta_2 = 56°18′20″$,
$\beta_3 = 71°11′40″$,
$S_1 = 135.622$m,
$S_2 = 119.168$m。

设测角中误差为 10″，边长观测值的中误差为 2.0cm。
(1)试按条件平差法列出条件方程；
(2)试计算观测角度和边长的平差值。

5.5.50 有独立边角网如图 5-42 所示，边长观测值为 $S_1 \sim S_5$，角度观测值为 $\beta_1 \sim \beta_4$，其观测数据见下表：

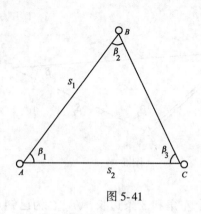

图 5-41

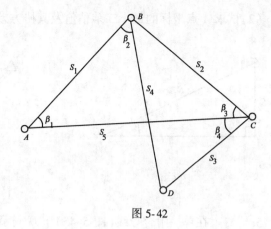

图 5-42

边长	观测值/m	角度	角度观测值 ° ′ ″
S_1	2 107.828	β_1	59 16 06
S_2	3 024.716	β_2	44 07 56
S_3	2 751.089	β_3	36 47 50
S_4	4 278.366	β_4	58 40 26
S_5	3 499.112		

已知 $\sigma_\beta = 0.7''$，$\sigma_S = 5mm + 10^{-6} \cdot S$，若按条件平差法平差，

(1) 列出全部条件方程式；

(2) 求出观测值的改正数及平差值。

5.5.51 有平面直角三角形 ABC 如图 5-43 所示，测出边长 S_1、S_2 和角度 β，其观测值及其中误差为：

$$S_1 = 416.046m, \quad \sigma_{S_1} = 2.0cm,$$

$$S_2 = 202.116m, \quad \sigma_{S_2} = 1.2cm,$$

$$\beta = 29°03'43'', \quad \sigma_\beta = 8.0''。$$

(1) 试按条件平差列出条件方程式；

(2) 求出观测值的平差值及其协因数阵与协方差阵。

5.5.52 在图 5-44 中，B 点和 C 点的位置已知为固定值（见下表），测得下列独立观测值：

$\beta_1 = 17°11'16''$，$\sigma_{\beta_1} = 10''$，

$\beta_2 = 119°09'26''$，$\sigma_{\beta_2} = 10''$，

$\beta_3 = 43°38'50''$，$\sigma_{\beta_3} = 10''$，

$S_1 = 1\ 404.608m$，$\sigma_{S_i} = 3 + 10^{-6} \times 2 \times S_i$，

$S_2 = 1\ 110.086m$。

点号	X/m	Y/m
B	1 000.000	1 000.000
C	714.754	1 380.328

(1) 试按条件平差求各观测值的平差值；

(2)试求 A 点坐标的最小二乘估值及其协方差阵。

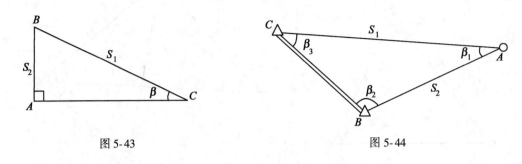

图 5-43   图 5-44

5.5.53 在单一附合导线(图 5-45)上观测了 4 个左角和 3 条边长,B、C 为已知点,P_1、P_2 为待定导线点,已知起算数据为:
$X_B = 203\,020.348\text{m}$,$Y_B = -59\,049.801\text{m}$,
$X_C = 203\,059.503\text{m}$,$Y_C = -59\,796.549\text{m}$,
$\alpha_{AB} = 226°44'59''$,$\alpha_{CD} = 324°46'03''$。
观测值为:

角号	观测角 ° ′ ″	边号	边长/m
β_1	230 32 37	S_1	204.952
β_2	180 00 42	S_2	200.130
β_3	170 39 22	S_3	345.153
β_4	236 48 37		

观测值的测角中误差 $\sigma_\beta = 5''$,边长中误差 $\sigma_{S_i} = 0.5\sqrt{S_i}\,\text{mm}$($S_i$ 以 m 为单位)。
试按条件平差法:
(1)列出条件方程式;
(2)组成法方程;
(3)求联系数 K 及改正数 V、平差值 $\hat{L}$。

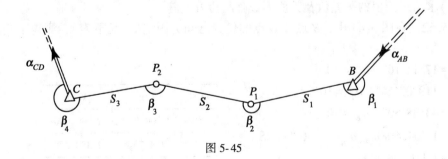

图 5-45

5.5.54 图 5-46 中，A、B、C、D 为已知点，$P_1 \sim P_3$ 为待定导线点，观测了 5 个左角和 4 条边长，已知点数据为：

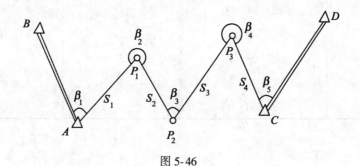

图 5-46

	X/m	Y/m
A	599.951	224.856
B	704.816	141.165
C	747.166	572.726
D	889.339	622.134

观测值为：

β_i	观测角 ° ′ ″	S_i	观测边长/m
1	74 10 30	1	143.825
2	279 05 12	2	124.777
3	67 55 29	3	188.950
4	276 10 11	4	117.338
5	80 23 46		

观测值的测角中误差 $\sigma_\beta = 2''$，边长中误差 $\sigma_{S_i} = 0.2\sqrt{S_i}$ mm，（S_i 以 m 为单位）。试按条件平差法：

(1) 列出条件方程；

(2) 写出法方程；

(3) 求出联系数 K、观测值改正数 V 及平差值 $\hat{L}$。

5.5.55 有闭合导线如图 5-47 所示，观测 4 条边长和 5 个左转折角，已知测角中误差 $\sigma_\beta = 5''$，边长中误差按 $\sigma_{S_i} = 3\text{mm} + 2 \times 10^{-6} S_i$ 计算（S_i 以 km 为单位），起算数据为：

$X_A = 2\ 272.045\text{m}$ $Y_A = 5\ 071.330\text{m}$，

$X_B = 2\ 343.895\ 1\text{m}$， $Y_B = 5\ 140.882\ 6\text{m}$。

观测值见下表：

角 号	观测角值 β ° ′ ″	边 号	观测边长/m
1	92 49 43	1	805.191
2	316 43 58	2	269.486
3	205 08 16	3	272.718
4	235 44 38	4	441.596
5	229 33 06		

试按条件平差：

(1) 列条件方程；

(2) 求改正数 V 和平差值 L；

(3) 求导线点 2、3、4 的坐标平差值及点位精度。

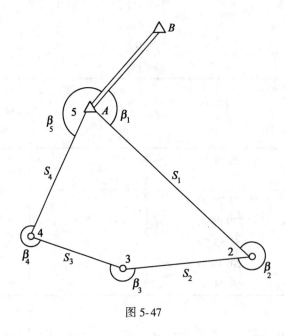

图 5-47

5.5.56 图 5-48 为一闭合导线，A、B 为已知点，$P_1 \sim P_5$ 为待定导线点，已知点数据为：

	X/m	Y/m
A	803.632	471.894
B	923.622	450.719

观测了 7 个角和 6 条边长，观测值为：

β_i	观测角 ° ′ ″	S_i	观测边长/m
1	230 28 50	1	99.432
2	109 50 40	2	107.938
3	132 18 50	3	119.875
4	124 02 35	4	121.970
5	110 57 51	5	153.739
6	99 49 56	6	139.452
7	272 31 11		

观测值的测角中误差 $\sigma_\beta = 6''$，边长中误差 $\sigma_{S_i} = 0.5\sqrt{S_i}$ mm，（S_i 以 m 为单位）。试按条件平差法：

(1) 列出条件方程；
(2) 写出法方程；
(3) 求出联系数 K、观测值改正数 V 及平差值 L。

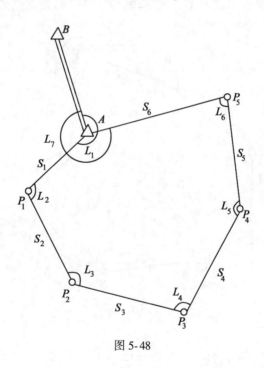

图 5-48

5.5.57 有闭合导线如图 5-49 所示，观测 8 条边长和 9 个左转折角。已知测角中误差 $\sigma_\beta = \sqrt{2}''$，边长中误差 $\sigma_{S_i} = 3\text{mm} + 2\times 10^{-6} S_i$，已知起算数据为：
$X_A = 2\,272.045$m，$X_B = 2\,343.895\,1$m，
$Y_A = 5\,071.330$m，$Y_B = 5\,140.882\,6$m。

观测值见下表：

角 号	观测角值 β ° ′ ″	边 号	边长观测值 S/m
1	26 35 54	1	250.872
2	193 25 58	2	259.454
3	269 15 24	3	355.886
4	138 32 08	4	318.658
5	287 36 28	5	258.776
6	214 07 46	6	269.484
7	205 08 28	7	272.719
8	235 44 32	8	441.598
9	229 33 09		

试按条件平差：

(1) 列条件方程；

(2) 求改正数 V 和平差值 $\hat{L}$；

(3) 求各导线点的坐标平差值 $\hat{X}_i$，$\hat{Y}_i(i=2,3,\cdots,8)$ 及点位精度。

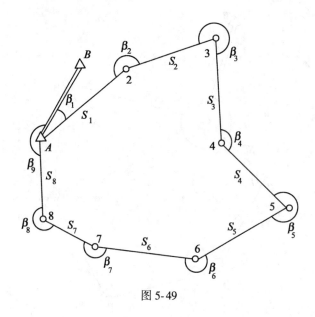

图 5-49

5.5.58 如图 5-50 所示，对一直角房屋进行了数字化，其坐标观测值见下表，试按条件平差法求平差后各坐标的平差值和点位精度。

点号 坐标	1	2	3	4	5	6
X/m	4 579.393	4 577.929	4 569.558	4 570.245	4 571.200	4 572.028
Y/m	2 595.182	2 602.830	2 601.099	2 597.168	2 597.374	2 593.619

5.5.59 有一 GPS 网如图 5-51 所示，1 点为已知点，2、3、4 点为待定坐标点，现用 GPS 接收机观测了 5 条边的基线向量（$\Delta X_{ij}\ \Delta Y_{ij}\ \Delta Z_{ij}$）。

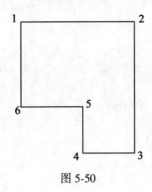

图 5-50

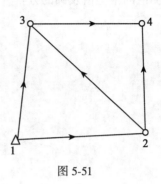

图 5-51

已知 1 点的坐标为：

$X_1 = -1\ 054\ 581.276\ 1\text{m}$，$Y_1 = 5\ 706\ 987.139\ 7\text{m}$，$Z_1 = 2\ 638\ 873.815\ 2\text{m}$。

基线向量观测值及其协因数为：

编号	起点	终点	基线向量观测值/m			基线协因数阵		
			ΔX	ΔY	ΔZ			
1	1	2	85.481 3	−59.593 1	120.195 1	0.009 997	−0.003 934	−0.002 834
						对	0.024 978	0.008 615
						称		0.007 906
2	1	3	2 398.067 4	−719.805 1	2 624.229 2	0.009 822	−0.003 794	−0.002 777
						对	0.024 366	0.008 424
						称		0.007 801
3	2	3	2 312.596 0	−660.201 2	2 504.033 4	0.009 375	−0.004 329	−0.002 783
						对	0.022 359	0.008 124
						称		0.007 655
4	2	4	2 057.657 6	−645.288 4	2 265.706 5	0.011 729	−0.000 24	−0.002 532
						对	0.034 331	0.009 255
						称		0.007 819
5	3	4	−254.961 6	14.926 0	−238.314 2	0.011 691	−0.000 438	−0.002 528
						对	0.034 529	0.009 406
						称		0.007 855

设备基线向量互相独立，试用条件平差法求：

(1)条件方程；

(2)法方程；

(3)基线向量改正数及其平差值。

5.5.60 为确定某一圆心位于原点(原点无误差)的圆形,观测了3个点,得到3对坐标观测值:(-2.7,4.2),(1.5,4.6),(3.8,3.1)(单位:cm),试用条件平差法确定坐标观测值的平差值及圆的方程。

第六章 附有参数的条件平差

6-1 附有参数的条件平差原理

6.1.01 在附有参数的条件平差模型里，所选参数的个数有没有限制？能否多于必要观测数？

6.1.02 某平差问题有 12 个同精度观测值，必要观测数 $t=6$，现选取 2 个独立的参数参与平差，应列出多少个条件方程？

6.1.03 某平差问题的必要观测数为 t，多余观测数为 r，独立的参数个数为 u。若 $u=t$，

(1) 写出平差的函数模型；

(2) 在何种情况下，平差的函数模型为附有参数的条件平差。

6.1.04 图 6-1 的水准路线中，A、B 为已知点，其高程为 H_A、H_B，P 为待定点，观测高差为 h_1、h_2，且 $Q_{LL}=I$(I 为单位阵)，若令 P 点的最或是高程为参数 $\hat{X}$，试按附有参数的条件平差法列出：

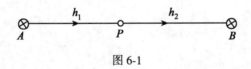

图 6-1

(1) 条件方程；

(2) 平差值 $\hat{h}_1$、$\hat{h}_2$、$\hat{X}$ 的表达式。

6.1.05 已知附有参数的条件方程为

$$V_1-\hat{x}-4=0,$$
$$V_2+V_4+\hat{x}-2=0,$$
$$V_3-V_4-5=0,$$

试求等精度观测值 L_i 的改正数 $V_i(i=1,2,3,4)$ 及参数 $\hat{x}$。

6.1.06 已知附有参数的条件方程为

$$V_1-V_2+V_3-\hat{x}-8=0,$$
$$V_4+V_5+V_6+\hat{x}+6=0,$$

试求等精度观测值 L_i 的改正数 $V_i(i=1,2,\cdots,7)$ 及参数 $\hat{x}$。

6.1.07 试按附有参数的条件平差法列出图 6-2 所示的函数模型。

(a) 已知点：A
观测值：$h_1 \sim h_6$
参数：P_1 点高程 $\tilde{H}_{P_1}$

(b) 已知点：A
观测值：$h_1 \sim h_5$
参数：A、P_2 点间高差 $\tilde{h}_{AP_2}$

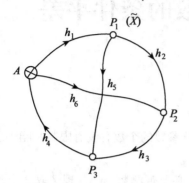
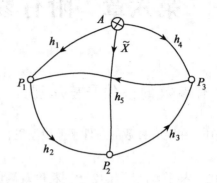

图 6-2

6.1.08 试按附有参数的条件平差法列出如图 6-3 所示的函数模型。

(a) 已知值：α_A
观测值：$L_1 \sim L_4$
参数：$\angle BOD$

(b) 已知点：A、B
观测值：$L_1 \sim L_3$
参数：$\angle ACB$

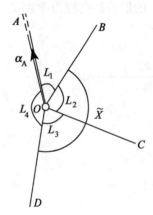
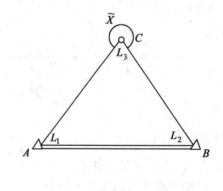

图 6-3

6.1.09 有水准网如图 6-4 所示，已知点 A 的高程 $H_A = 8.000 \text{m}$，P_1、P_2 点为待定点，观测高差及路线长度为

$$h_1 = 1.168 \text{m}, \quad S_1 = 1 \text{km},$$
$$h_2 = 0.614 \text{m}, \quad S_2 = 2 \text{km},$$
$$h_3 = -1.788 \text{m}, \quad S_3 = 1 \text{km}。$$

设 P_1 点高程为未知参数，试求：
(1) 条件方程；

(2)各观测高差改正数;

(3)P_1 点高程平差值。

6.1.10 有水准网如图 6-5 所示,A 为已知点,高程为 $H_A=10.000$m,同精度观测了 5 条水准路线,观测值为 $h_1=1.251$m, $h_2=0.312$m, $h_3=-0.097$m, $h_4=1.654$m, $h_5=0.400$m。若设 AC 间的高差平差值 $\hat{h}_{AC}$ 为参数 $\hat{X}$,试按附有参数的条件平差法,

(1)列出条件方程;

(2)列出法方程;

(3)求出待定点 C 的最或是高程。

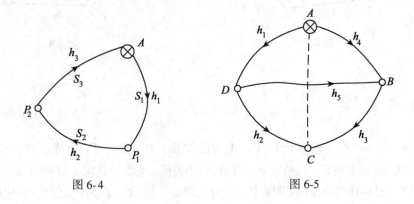

图 6-4   图 6-5

6.1.11 有平面无定向导线如图 6-6 所示,A、B 为已知点,C、D、E 为待定点。观测了转角 $\beta_i(i=1,2,3)$ 和边长 $S_i(i=1,2,3,4)$,试求:

(1)多余观测量的个数;

(2)列出所有条件方程(非线性不需线性化)。

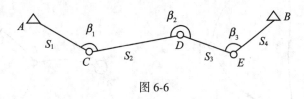

图 6-6

6.1.12 图 6-7 是测边网,A、B 是已知点,C、D、E、F 为待定点,观测边长 $L_1 \sim L_9$,试写出平差该网的条件方程。

6.1.13 有平面无定向导线如图 6-8 所示,A、B 为已知点,C、D 为待定点,其间的边长 S_0 为已知。

观测了转角 β_1、β_2,边长 S_1、S_2,试求:

(1)多余观测量的个数;

(2)列出观测值应满足的条件方程(非线性不需线性化)。

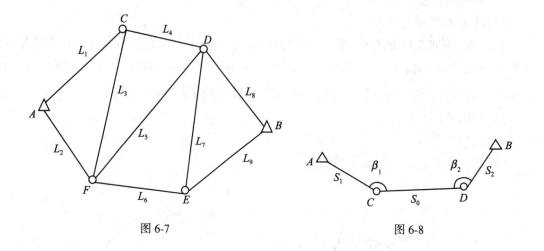

图 6-7   图 6-8

6-2 精度评定

6.2.14 图 6-9 所示的水准网中，A 为已知点，P_1、P_2、P_3 为待定点，观测了高差 $h_1 \sim h_5$，观测路线长度相等，现选取 P_3 点的高程平差值为参数，试求 P_3 点平差后高程的权。

6.2.15 图 6-10 所示的水准网中，A 为已知点，B、C、D 为待定点，同精度观测了 4 条水准路线高差，现选取 $\hat{h}_3$ 为参数，试求平差后 C、D 两点间高差的权。

6.2.16 图 6-10 水准网中，A 为已知点，B、C、D 为待定点，同精度观测了 4 段水准路线高差，若设平差后 D 点的高程为参数，试求其权。

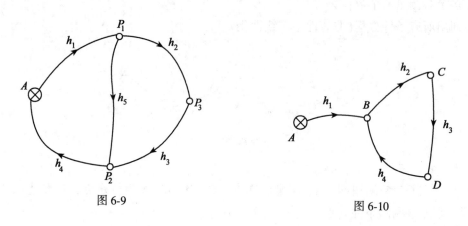

图 6-9   图 6-10

6.2.17 三角网图 6-11 中，A、B 为已知点，C、D 为待定点，$L_1 \sim L_6$ 为独立同精度角度观测值，试用附有参数的条件平差法求角 $\angle ABC$ 平差后的权。

6.2.18 有一三角网如图 6-12 所示，A、B 为已知点，C、D 为待定点，观测了 $L_1 \sim L_6$ 6 个角度，试用附有参数的条件平差法求平差后 $\angle ADB$ 的权。

6.2.19 在附有参数的条件平差中，若有平差值函数 $\hat{\varphi} = f_x^T \hat{X} + f_0$，试写出求 $\hat{\varphi}$ 的协因数的表达式。

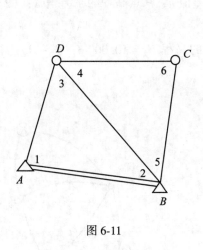
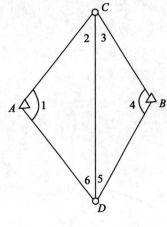

图 6-11　　　　　　　　　　图 6-12

6.2.20　在附有参数的条件平差中，平差值函数 $\hat{\varphi}=f^T\hat{L}+f_x^T\hat{X}+f_0$ 和改正数向量 V 是否相关？试说明原因。

6.2.21　图 6-13 中 A 为已知高程水准点，B、C、D、E 和 F 为待定点，观测了 6 条水准路线，每公里观测高差中误差 $\sigma_{km}=2mm$，各观测高差及路线长度为：$S_1=S_2=S_5=S_6=1km$，$S_3=S_4=2km$。现以每公里观测高差为单位权观测值，经平差后求得单位权中误差 $\hat{\sigma}_0=2mm$：

(1) 试计算平差后 C、E 点间高差中误差；

(2) 平差后 C、E 点间高差的精度较平差前提高了多少（用百分数表示）。

6.2.22　求图 6-14 平差后边长 $\hat{S}_{AD}$ 的权函数式。

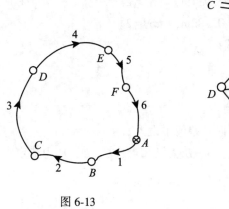
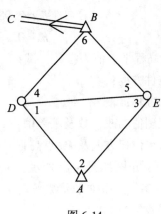

图 6-13　　　　　　　　　　图 6-14

6-3　综合练习题

6.3.23　如图 6-15 所示，已知高程为 $H_A=53m$，$H_B=58m$，观测线路等长，测得高差为：$h_1=2.95\mathrm{m}, h_2=2.97\mathrm{m}, h_3=2.08\mathrm{m}, h_4=2.06\mathrm{m}$，现令 P 点的高程平差值为参数 $\hat{X}$，试按附有参数的条件平差求：(1)观测高差的平差值 $\hat{h}$，P 点高程的平差值 $\hat{X}$；(2)P 点高程的平差值 $\hat{X}$ 的权倒数 $Q_{\hat{X}}$。

6.3.24 在图 6-16 所示的水准网中，点 A 的高程 $H_A=10.000\mathrm{m}$，$P_1 \sim P_4$ 为待定点，观测高差及路线长度为：

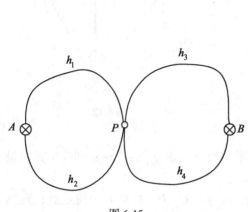

图 6-15

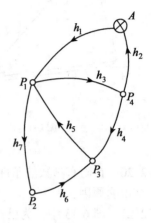

图 6-16

$$h_1=1.270\mathrm{m}, \quad S_1=2;$$
$$h_2=-3.380\mathrm{m}, \quad S_2=2;$$
$$h_3=2.114\mathrm{m}, \quad S_3=1;$$
$$h_4=1.613\mathrm{m}, \quad S_4=2;$$
$$h_5=-3.721\mathrm{m}, \quad S_5=1;$$
$$h_6=2.931\mathrm{m}, \quad S_6=2;$$
$$h_7=0.782\mathrm{m}, \quad S_7=2。$$

若设 P_2 点高程平差值为参数，试：

(1) 列出条件方程；

(2) 求出法方程；

(3) 求出观测值的改正数及平差值；

(4) 平差后单位权方差及 P_2 点高程平差值中误差。

6.3.25 有测角网如图 6-17 所示，A、B 为已知点，C、D、E 为待定点，观测了 8 个角度。若按附有参数的条件平差法平差，

(1) 需设哪些量为参数？

(2) 列出条件方程。

6.3.26 如图 6-18 所示的测角网中，A、B 为已知点，C、D 为待定点，观测了 6 个角度，观测值为：

$$L_1=40°23'58'', \quad L_2=37°11'36'';$$
$$L_3=53°49'02'', \quad L_4=57°00'05'';$$

$L_5 = 31°59'00''$, $L_6 = 36°25'56''$。

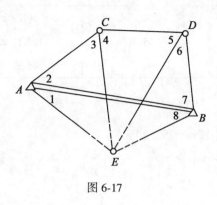

图 6-17

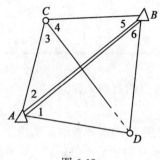

图 6-18

若按附有参数的条件平差法平差，
(1) 需设哪些量为参数?
(2) 列出条件方程;
(3) 求出观测值的改正数及平差值。

6.3.27 图 6-19 为一长方形，同精度观测边长 $L = [L_1 \quad L_2]^T = [9.40 \quad 7.50]^T (\text{cm})$，已知长方形面积为 70.2cm^2（无误差），若设边长观测值为参数 $L = [L_1 \quad L_2]^T = [X_1 \quad X_2]^T$。问应采用何种平差函数模型，并给出平差所需的方程。

6.3.28 在图 6-20 的测角网中，A、B 点为已知点，P_1、P_2 点为待定点，已知起算数据如下:

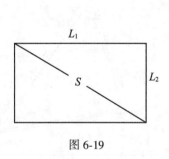

图 6-19

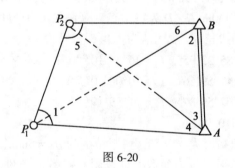

图 6-20

点 号	坐 标	
	X	Y
B	5 060.320	4 885.540
A	5 316.170	2 971.470

观测值为:

角 号	观测角值 ° ′ ″	角 号	观测角值 ° ′ ″
1	100 38 08	4	50 29 29
2	27 39 50	5	105 11 22
3	29 21 34	6	46 39 31

已算得 P_1 点的近似坐标为:

$$X_1^0 = 6\ 211.50\text{m}, \quad Y_1^0 = 3\ 258.20\text{m}。$$

设 P_1 点的坐标为未知参数,试按附有未知数的条件平差:

(1) 求观测值的平差值;

(2) 求 P_1、P_2 点的坐标平差值及点位精度。

6.3.29 有一个矩形(图 6-21),量测了 2 条边 L_1、L_2 和一条对角线 L_3,观测值及量测误差为:

$$L_1 = 18.65\text{cm}, \quad \sigma_1 = 1\text{mm};$$
$$L_2 = 12.37\text{cm}, \quad \sigma_2 = 1\text{mm};$$
$$L_3 = 22.25\text{cm}, \quad \sigma_3 = 2\text{mm}。$$

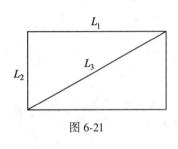

图 6-21

现设矩形面积的平差值为参数 $\hat{X}$,试用附有参数的条件平差法求:

(1) 观测值的改正数及平差值;

(2) 矩形面积的平差值及权。

6.3.30 有一边角网如图 6-22 所示,A、B 为已知点,$X_A = 641.292\text{m}$,$Y_A = 319.638\text{m}$,$X_B = 589.868\text{m}$,$Y_B = 540.460\text{m}$,C、D 为待定点,观测了 6 个内角和 C、B 点间的边长 S,观测值为:

$L_1 = 85°23′05″$,$L_2 = 46°37′10″$,
$L_3 = 47°59′56″$,$L_4 = 40°00′50″$,
$L_5 = 67°59′37″$,$L_6 = 71°59′19″$,
$S = 310.941\text{m}$。

测角精度为 $\sigma_\beta = 5″$,测矩精度为 $\sigma_S = 5\text{mm}$,设 CD 间的距离平差值为参数,试按附有参数的条件平差法求:

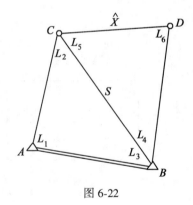

图 6-22

(1) 条件方程;

(2) 观测值的改正数及平差值;

(3) 平差后单位权中误差;

(4) 平差后 CD 边的距离及相对中误差。

6.3.31 如图 6-23 所示的附合导线网中,A、C 为已知点,P_1、P_2、P_3 为待定点,已知数据为:

$$X_A = 735.066, \quad Y_A = 272.247,$$

$$X_C = 772.374, \quad Y_C = 648.350,$$
$$\alpha_{BA} = 150°35'33'', \quad \alpha_{CD} = 18°53'55''。$$

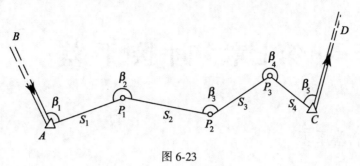

图 6-23

观测值为：

编号	角度观测值 β_i	编号	边长观测值 S_i
1	73.5621	1	87.702
2	234.3540	2	114.388
3	148.2757	3	124.335
4	234.3143	4	102.397
5	76.4629		

已知测角中误差 $\sigma_\beta = 5''$，测边中误差 $\sigma_{S_i} = 0.5\sqrt{S_i}$ mm，现选 P_2 点坐标平差值为参数 $\hat{X}$、$\hat{Y}$，试按附有参数的条件平差法求：

(1) 条件方程；
(2) 法方程；
(3) 观测值的改正数及平差值；
(4) P_2 点坐标平差值。

第七章 间接平差

7-1 间接平差原理

7.1.01 在间接平差中，独立参数的个数与什么量有关？误差方程和法方程的个数又是多少？

7.1.02 在某平差问题中，如果多余观测个数少于必要观测个数，此时间接平差中的法方程和条件平差中的法方程的个数哪一个少，为什么？

7.1.03 如果某参数的近似值是根据某些观测值推算而得的，那么这些观测值的误差方程的常数项都会等于零吗？

7.1.04 在图7-1所示的闭合水准网中，A 为已知点（$H_A = 10.000\text{m}$），P_1、P_2 为高程未知点，测得高差及水准路线长度为：

$h_1 = 1.352\text{m}$，$S_1 = 2\text{km}$，$h_2 = -0.531\text{m}$，$S_2 = 2\text{km}$，$h_3 = -0.826\text{m}$，$S_3 = 1\text{km}$。

试用间接平差法求各高差的平差值。

7.1.05 在三角形（图7-2）中，以不等精度测得：

$$\alpha = 78°23'12'', \quad P_\alpha = 1;$$
$$\beta = 85°30'06'', \quad P_\beta = 2;$$
$$\gamma = 16°06'32'', \quad P_\gamma = 1;$$
$$\delta = 343°53'24'', \quad P_\delta = 1。$$

试用间接平差法求各内角的平差值。

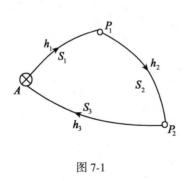

图7-1

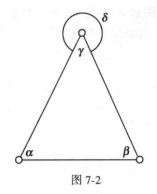

图7-2

7.1.06 设在单一附合水准路线（图7-3）中，已知 A、B 两点高程为 H_A、H_B，路线长为 S_1、S_2，观测高差为 h_1、h_2，试用间接平差法写出 P 点高程平差值的公式。

7.1.07 在测站 O 点观测了6个角度（图7-4），得同精度独立观测值：

$$L_1 = 32°25'18'', \quad L_2 = 61°14'36'',$$

$L_3 = 94°09'40''$, $L_4 = 172°10'17''$,
$L_5 = 93°39'48''$, $L_6 = 155°24'20''$。

已知 A 方向方位角 $\alpha_A = 21°10'15''$，试按间接平差法求各方向方位角的平差值。

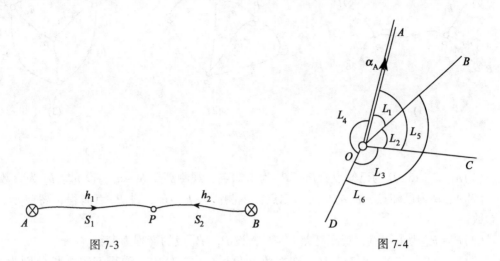

图 7-3

图 7-4

7-2 误差方程

7.2.08 在间接平差中，为什么所选参数的个数应等于必要观测数，而且参数之间要函数独立？

7.2.09 能否说选取了足够的参数，每一个观测值都能表示成参数的函数？

7.2.10 在平面控制网中，应如何选取参数？

7.2.11 条件方程和误差方程有何异同？

7.2.12 误差方程有哪些特点？

7.2.13 在图 7-5 中，A、B 为已知点，$P_1 \sim P_5$ 为待定点，P_1、P_5 两点间的边长为已知，$L_0 \sim L_6$ 为角度观测值，$S_1 \sim S_6$ 为边长观测值，试确定图中独立参数的个数。

7.2.14 在图 7-6 中，A、B 为已知点，$P_1 \sim P_3$ 为未知点，观测角度 $L_1 \sim L_{11}$，若设角度观测值为参数，独立参数有哪些角？

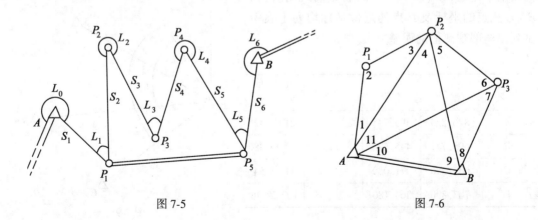

图 7-5

图 7-6

7.2.15 试列出图 7-7 中各图形的误差方程式(常数项用字母表示)。

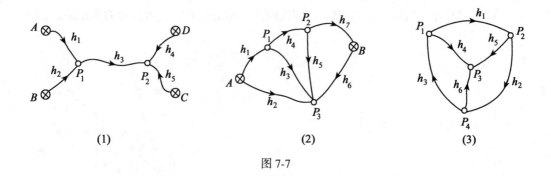

图 7-7

(1) A、B、C、D 为已知点，P_1、P_2 为未知点，观测高差 $h_1 \sim h_5$，设 h_2、h_4 为参数；

(2) A、B 为已知点，$P_1 \sim P_3$ 为未知点，观测高差 $h_1 \sim h_7$，设 P_1 点高程、高差 h_3、h_5 为参数；

(3) $P_1 \sim P_4$ 为未知点，观测高差 $h_1 \sim h_6$，设 $P_1 \sim P_3$ 点的高程为参数。

7.2.16 在直角三角形(图 7-8)中，测得三边之长分别为 L_1、L_2 和 L_3，若设参数 $\hat{X}=[\hat{X}_1 \hat{X}_2]^T=[\hat{L}_1 \hat{L}_3]^T$，试列出该图形的误差方程式。

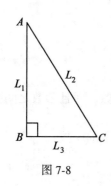

图 7-8

7.2.17 为确定某一直线方程 $y=ax+b$，在 $x_i(i=1, 2, \cdots, 5)$ 处(设 x_i 无误差)观测了 5 个观测值 y_i：

x_i/cm	1	2	3	4	5
y_i/cm	3.30	4.56	5.90	7.10	8.40

试列出确定该直线的误差方程。

7.2.18 在待定点 P 上，向已知点 A、B、C 进行方向观测。如图 7-9 所示，设 $\hat{Z}_P$ 为零方向定向角的平差值，$L_i(i=1, 2, 3)$ 为方向观测值，A、B、C 三点的坐标及 P 点的近似坐标均列于表中，试列出全部观测值的误差方程。

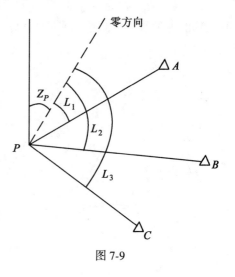

点号	X/m	Y/m		观测值 ° ′ ″
A	826.823	393.245	Z_P	21 03 42
B	695.741	445.678	L_1	25 18 38
C	633.226	371.062	L_2	71 28 54
P	703.800	264.180	L_3	102 22 36

图 7-9

7.2.19 在图 7-10 中，A、B、C 为已知点，现在其间加测一点 P，其近似坐标为：$X_P^0 = 771.365$m，$Y_P^0 = 465.844$m。

已知起算数据和观测值列于表中，试列出全部观测值的误差方程。

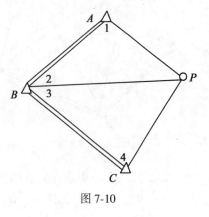

图 7-10

点号	坐标	
	X/m	Y/m
A	861.106	338.796
B	734.058	279.305
C	598.943	372.070

角号	1	2	3	4
观测值	79°51′20″	53°35′50″	66°50′10″	63°00′43″

7.2.20 在图 7-11 中，A、B、C 为已知点，P 为待定点，网中观测了 3 条边长 $L_1 \sim L_3$，起算数据及观测数据均列于表中，现选待定点的坐标平差值为参数，其坐标近似值为 $X_P^0 = 57\,578.93$m，$Y_P^0 = 70\,998.26$m，试列出各观测边长的误差方程式。

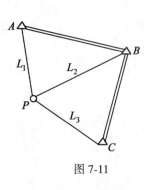

图 7-11

点号	坐标	
	X/m	Y/m
A	60 509.596	69 902.525
B	58 238.935	74 300.086
C	51 946.286	73 416.515

边号	L_1	L_2	L_3
观测值/m	3 128.86	3 367.20	6 129.88

7.2.21 有边角网如图 7-12 所示，A、B、C 为已知点，P_1、P_2 为待定点，角度观测值为 $L_1 \sim L_7$，边长观测值为 S，已知点坐标和观测数据均列于表中，若设待定点坐标为参数，试列出全部误差方程。

点号	坐标		点号	近似坐标	
	X/m	Y/m		X^0/m	Y^0/m
A	760.274	208.722	P_1	870.180	294.430
B	619.109	318.629	P_2	841.950	450.720
C	703.808	498.110			

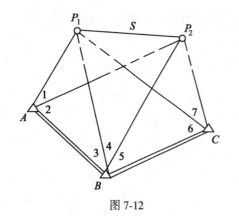

角 号	观测值	角 号	观测值
L_1	33°24′10″	L_5	34°04′45″
L_2	70°44′46″	L_6	64°30′22″
L_3	32°23′52″	L_7	31°49′18″
L_4	36°09′48″	S（m）	158.883

图 7-12

7.2.22 有一中心在原点的椭圆，为了确定其方程，观测了10组数据$(x_i, y_i)(i=1, 2, \cdots, 10)$，已知$x_i$无误差，试列出该椭圆的误差方程。

7.2.23 为确定某一抛物线方程$y^2=ax$，观测了6组数据$(x_i, y_i)(i=1, 2, \cdots, 6)$，已知$x_i$无误差，$y_i$为互相独立的等精度观测值，试列出该抛物线的误差方程。

7.2.24 某一平差问题列有以下条件方程：

$$V_1-V_2+V_3+5=0,$$
$$V_3-V_4-V_5-2=0,$$
$$V_5-V_6-V_7+3=0,$$
$$V_1+V_4+V_7+4=0,$$

试将其改写成误差方程。

7.2.25 某一平差问题列有以下误差方程：

$$V_1=-X_1+3,$$
$$V_2=-X_2-1,$$
$$V_3=-X_1+2,$$
$$V_4=-X_2+1,$$
$$V_5=-X_1+X_2-5,$$

试将其改写成条件方程。

7-3 精度评定

7.3.26 对控制网进行间接平差，可否在观测前根据布设的网形和拟定的观测方案来估算网中待定点的精度，为什么？

7.3.27 在间接平差中，计算$V^{\mathrm{T}}PV$有哪几种途径？简述其推导过程。

7.3.28 为什么要求参数函数$\hat{\varphi}$的协因数$Q_{\hat{\varphi}\hat{\varphi}}$？如何求$Q_{\hat{\varphi}\hat{\varphi}}$？

7.3.29 已知某平差问题的误差方程为：

$$V_1=\hat{x}_1,$$
$$V_2=-\hat{x}_1+2,$$
$$V_3=\hat{x}_2-1,$$

$$V_4 = -\hat{x}_2,$$
$$V_5 = -\hat{x}_1 + \hat{x}_2 - 3,$$

观测值的权阵为：

$$P = \begin{bmatrix} 2 & & & & \\ & 2 & & & \\ & & 3 & & \\ & & & 2 & \\ & & & & 4 \end{bmatrix},$$

试求参数 $\hat{x} = [\hat{x}_1 \hat{x}_2]^T$ 及协因数阵。

7.3.30 已知某平差问题的误差方程为：
$$V_1 = \hat{x}_1 + 2,$$
$$V_2 = -\hat{x}_1 + \hat{x}_2 - 3,$$
$$V_3 = \hat{x}_2 - 1,$$
$$V_4 = -\hat{x}_1 + 6,$$
$$V_5 = -\hat{x}_2 + 5,$$

观测值的权阵为单位阵，试根据误差方程求单位权中误差估值。

7.3.31 如图7-13所示的水准网中，A、B 为已知点，$P_1 \sim P_3$ 为待定点，观测高差 $h_1 \sim h_5$，相应的路线长度分别为4km、2km、2km、2km、4km，若已知平差后每千米观测高差中误差的估值 $\hat{\sigma}_{km} = 3mm$，试求 P_2 点平差后高程的中误差。

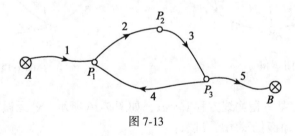

图7-13

7.3.32 对某水准网列出如下误差方程：

$$V = \begin{bmatrix} 1 & 0 \\ 1 & -1 \\ 0 & -1 \\ 1 & 0 \\ 1 & 0 \end{bmatrix} \hat{x}_{21} - \begin{bmatrix} 0 \\ 0 \\ 6 \\ -8 \\ 2 \end{bmatrix},$$

已知 $Q_{LL} = I$，试按间接平差法求：

(1) 未知参数 $\hat{X}$ 的协因数阵；

(2) 未知数函数 $\hat{\varphi} = \hat{X}_1 - \hat{X}_2$ 的权。

7.3.33 设由同精度独立观测值列出的误差方程为：

$$V_{41} = \begin{bmatrix} 0 & 1 \\ 1 & -1 \\ -1 & 1 \\ 1 & 0 \end{bmatrix} \hat{x}_{21} - \begin{bmatrix} -2 \\ 4 \\ 1 \\ -3 \end{bmatrix},$$

试按间接平差法求 $Q_{\hat{X}}$、$Q_{L\hat{X}}$、$Q_{L\hat{V}}$、$Q_{L\hat{}}$。

7.3.34 在间接平差中，$\hat{X}$ 与 $\hat{L}$、$\hat{L}$ 与 V 是否相关？试证明之。

7.3.35 如图 7-14 所示的水准网中，A 为已知水准点，B、C、D 为待定高程点，观测了 6 段高差 $h_1 \sim h_6$，线路长度 $S_1 = S_2 = S_3 = S_4 = 1\text{km}$，$S_5 = S_6 = 2\text{km}$，如果在平差中舍去第 6 段线路的高差 h_6，问平差后 D 点高程的权较平差时不舍去 h_6 时所得的权缩小了百分之几？

7.3.36 如图 7-15 所示的水准网中，A、B 为已知点，$P_1 \sim P_3$ 为待定点，独立观测了 8 段路线的高差 $h_1 \sim h_8$，路线长度 $S_1 = S_2 = S_3 = S_4 = S_5 = S_6 = S_7 = 1\text{km}$，$S_8 = 2\text{km}$，试问平差后哪一点高程精度最高，相对于精度最低的点的精度之比是多少？

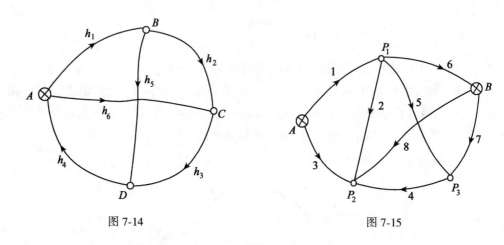

图 7-14   图 7-15

7.3.37 为确定某一抛物线方程 $y^2 = ax$，如图 7-16 所示，x_i 无误差，y_i 为互相独立的等精度观测值，观测值列于表中，试求：
（1）抛物线方程；
（2）待定系数 $\hat{a}$ 的方差。

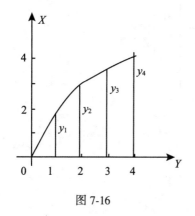

点	$X(\text{cm})$	$Y(\text{cm})$
1	1	2.0
2	2	3.0
3	3	3.5
4	4	4.1

图 7-16

7.3.38 某一平差问题按间接平差法求解，已列出法方程为：

$$8\hat{x}_1 - 2\hat{x}_2 + 2.4 = 0,$$
$$-2\hat{x}_1 + 7\hat{x}_2 - 3.2 = 0,$$

试计算函数 $\hat{\varphi} = -\hat{x}_1 + \hat{x}_2$ 的权。

7.3.39 在三角网（图7-17）中，A、B、C 为已知点，D 为待定点，观测了6个角度 $L_1 \sim L_6$，设 D 点坐标为参数 $\hat{X} = [\hat{X}_D \hat{Y}_D]^T$，已列出其至已知点间的方位角误差方程：

$$\delta\alpha_{DA} = -4.22\hat{x}_D + 1.04\hat{y}_D,$$
$$\delta\alpha_{DB} = 0.30\hat{x}_P - 5.69\hat{y}_D,$$
$$\delta\alpha_{DC} = 2.88\hat{x}_D + 2.28\hat{y}_D,$$

试写出角 $\angle BDC$ 平差后的权函数式。

7.3.40 有水准网如图7-18所示，A、B、C、D 为已知点，P_1、P_2 为未知点，观测高差 $h_1 \sim h_5$，路线长度为 $S_1 = S_2 = S_5 = 6\text{km}$，$S_3 = 8\text{km}$，$S_4 = 4\text{km}$，若要求平差后网中最弱点平差后高程中误差 $\leq 5\text{mm}$，试估算该网每千米观测高差中误差应为多少。

7.3.41 在如图7-19的大地四边形中，A、B 为已知点，C、D 为未知点，$L_1 \sim L_8$ 为角度观测值，若设未知点的坐标为参数，试写出求 CD 边长平差值中误差的权函数式。

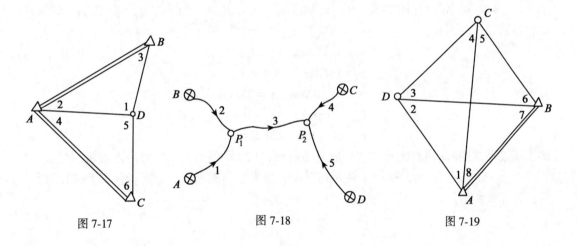

图7-17　　　　　图7-18　　　　　图7-19

7-4 水准网平差示例

7.4.42 在水准网平差中，定权式为 $P_i = \dfrac{c}{S_i}$，S_i 以 km 为单位，当令 $c = 2$ 时，经平差计算求得的单位权中误差 $\hat{\sigma}_0$ 代表什么量的中误差？在令 $c = 1$ 和 $c = 2$ 两种情况下，经平差分别求得的 V、$\hat{L}$、$\hat{\sigma}_0$ 以及 $[PVV]$ 相同吗？

7.4.43 在图7-20所示的水准网中，A、B 为已知点，$H_A = 10.210\text{m}$，$H_B = 12.283\text{m}$，观测各点间的高差为：

$$h_1 = 1.215\text{m}, \quad h_2 = 0.852\text{m},$$
$$h_3 = 0.235\text{m}, \quad h_4 = -2.311\text{m},$$

65

$$h_5 = 0.150\text{m}, \quad h_6 = -1.062\text{m},$$
$$h_7 = -1.931\text{m}, \quad h_8 = -2.166\text{m}。$$

设观测值的权阵为单位阵(各路线长度相同)，试按间接平差法求待定点 C、D、E 最或是高程及其中误差。

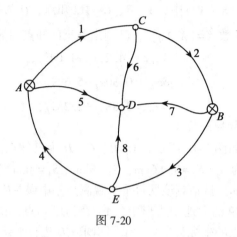

图 7-20

7.4.44 在水准网(图 7-21)中，A、B 为已知点，$H_A = 5.530\text{m}$，$H_B = 8.220\text{m}$，观测高差和各路线长度为：

$$h_1 = 1.157\text{m}, \quad S_1 = 2\text{km},$$
$$h_2 = 1.532\text{m}, \quad S_2 = 2\text{km},$$
$$h_3 = -2.025\text{m}, \quad S_3 = 2\text{km},$$
$$h_4 = -0.663\text{m}, \quad S_4 = 2\text{km},$$
$$h_5 = 0.498\text{m}, \quad S_5 = 4\text{km},$$

试按间接平差法求(1)待定点 C、D 最或是高程；(2)平差后 C、D 间高差的协因数 $Q_{\hat{\varphi}}$ 及中误差 $\sigma_{\hat{\varphi}}$；(3)在令 $c=2$ 和 $c=4$ 两种情况下，经平差分别求得的 $Q_{\hat{\varphi}}$、$\sigma_{\hat{\varphi}}$(见上问)是否相同？为什么？

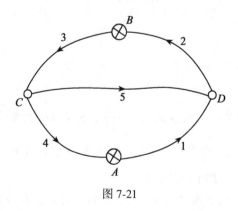

图 7-21

7.4.45 有水准网如图 7-22 所示，A、B 为已知点，$H_A = 21.400\text{m}$，$H_B = 23.810\text{m}$，各路线观测高差为：

$h_1 = 1.058\text{m}$, $h_2 = 0.912\text{m}$,
$h_3 = 0.446\text{m}$, $h_4 = -3.668\text{m}$,
$h_5 = 1.250\text{m}$, $h_6 = 2.310\text{m}$,
$h_7 = -3.225\text{m}$。

设观测高差为等权独立观测值，试按间接平差法求 P_1、P_2、P_3 等待定点平差后的高程及中误差。

7.4.46 在图 7-22 所示的水准网中，加测了两条水准路线 8、9（图 7-23），$h_8 = 1.973\text{m}$，$h_9 = -1.354\text{m}$，其余观测高差见题 7.4.45。设观测高差的权为单位阵，

(1) 增加了两条水准路线后，单位权中误差是否有变化？

(2) 增加了两条水准路线后，待定点 P_1、P_2、P_3 平差后高差的权较之未增加两条水准路线时有何变化？

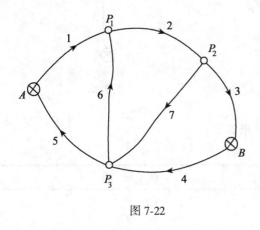

图 7-22

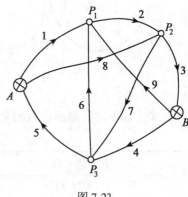

图 7-23

7-5 间接平差特例——直接平差

7.5.47 有附合水准路线（图 7-24），P 为待定点，A、B 为已知点，其高程为 H_A、H_B，观测高差为 h_1、h_2，相应的路线长度为 $S_1\text{km}$，$S_2\text{km}$，试求 P 点平差后高程的权 P_X。

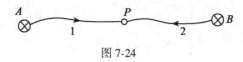

图 7-24

7.5.48 在如图 7-25 所示的水准网中，已知高程 $H_A = 53.00\text{m}$，$H_B = 58.00\text{m}$，测得高差（设每条线路长度相等）：

$h_1 = 2.95\text{m}$, $h_2 = 2.97\text{m}$,
$h_3 = 2.08\text{m}$, $h_4 = 2.06\text{m}$。

试求：(1) P 点高程的平差值；

(2) P 点平差后高程的权倒数。

7.5.49 在如图 7-26 所示的水准网中，A、B、C 为已知点，P 为待定高程点，已知

$H_A = 21.910\text{m}$，$H_B = 22.870\text{m}$，$H_C = 26.890\text{m}$，观测高差及相应的路线长度为：

$h_1 = 3.552\text{m}$　　$h_2 = 2.605\text{m}$，　　$h_3 = -1.425\text{m}$，

$S_1 = 2\text{km}$，　　　$S_2 = 6\text{km}$，　　　$S_3 = 3\text{km}$。

试求：（1）P 点的最或是高程；

（2）P 点平差后高程的权（当 $c = 1$ 时）。

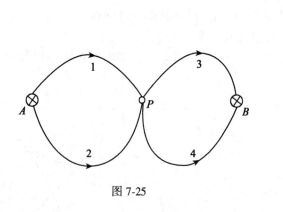

图 7-25

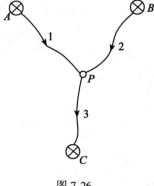

图 7-26

7.5.50　按不同的测回数观测某角，其结果如下：

观　测　值	测　回　数
78°18′05″	5
09	5
08	8
14	7
15	6
10	3

设以 5 测回为单位权观测，试求：

(1) 该角的最或是值及其中误差；(2) 一测回的中误差。

7-6　三角网坐标平差

7.6.51　在图 7-27 所示的测角网中，A、B、C 为已知点，P 点为待定点。已知点坐标和 P 点的近似坐标为：

$$X_A = 4\,728.008\text{m}, \quad Y_A = 227.880\text{m};$$
$$X_B = 4\,604.993\text{m}, \quad Y_B = 362.996\text{m};$$
$$X_C = 4\,750.191\text{m}, \quad Y_C = 503.152\text{m};$$
$$X_P^0 = 4\,881.27\text{m}, \quad Y_P^0 = 346.86\text{m}。$$

角度同精度观测值：$L_1 = 94°29′32″$，$L_2 = 44°20′36.3″$，$L_3 = 47°19′43.3″$，$L_4 = 85°59′51.6″$。

设 P 点的坐标平差值为未知参数，$\hat{X}=[\hat{X}_P\ \hat{Y}_P]^T$，试按间接平差法，
(1) 列出误差方程及法方程；
(2) 计算 P 点坐标平差值及协因数阵 $Q_{\hat{X}}$。

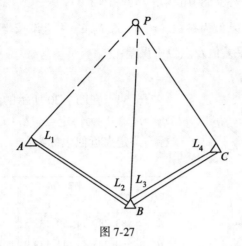

图 7-27

7.6.52 在三角形 ABC 中（图 7-28），A、B 为已知点，C 点为待定点，已知点坐标为：

$X_A = 1.0\text{km}$, $Y_A = 1.0\text{km}$,
$X_B = 1.0\text{km}$, $Y_B = 6.0\text{km}$,

C 点的近似坐标为：

$X_C^0 = 5.3\text{km}$, $Y_C^0 = 3.5\text{km}$,

近似边长：

$S_{AC}^0 = 5.0\text{km}$, $S_{BC}^0 = 5.0\text{km}$,

L_1、L_2、L_3 是同精度角度观测值。试按间接平差法求 C 点坐标的权倒数及相关权倒数。

7.6.53 在图 7-29 所示的三角网中，A、B 为已知点，P_1、P_2 为待定点，已知点坐标为 $X_A = 867.156\text{m}$，$Y_A = 252.080\text{m}$，$X_B = 638.267\text{m}$，$Y_B = 446.686\text{m}$，待定点近似坐标为：

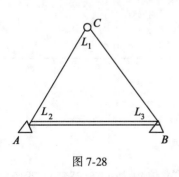

图 7-28

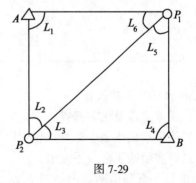

图 7-29

$X_{P_1}^0 = 855.050\text{m}$, $Y_{P_1}^0 = 491.050\text{m}$,

$X_{P_2}^0 = 634.240\text{m}$, $Y_{P_2}^0 = 222.820\text{m}$,

同精度角度观测值为：

$L_1 = 94°15'21''$, $L_2 = 43°22'42''$, $L_3 = 38°26'00''$,
$L_4 = 102°35'52''$, $L_5 = 38°58'01''$, $L_6 = 42°21'43''$。

设 P_1、P_2 点坐标平差值为参数 $\hat{X}_{41} = [\hat{X}_{P_1}\ \hat{Y}_{P_1}\ \hat{X}_{P_2}\ \hat{Y}_{P_2}]^T$，试按坐标平差法求：

(1) P_1、P_2 点坐标平差值及点位中误差；

(2) 观测值的平差值 $\hat{L}$。

7.6.54 在图 7-30 所示的测角网中，A、B、C 为已知点，P_1、P_2 为待定点，$L_1 \sim L_{10}$ 为角度观测值，已知点坐标与待定点近似坐标为：

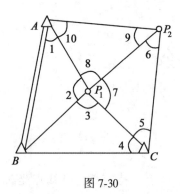

图 7-30

点号	已知坐标/m		点号	近似坐标/m	
	X	Y		X	Y
A	883.289 2	259.138 5	P_1	777.416	320.647
B	640.283 8	144.189 9	P_2	844.971	504.160
C	612.050 8	463.827 7			

同精度角度观测值为：

编 号	观 测 值
	° ′ ″
1	55 28 13.2
2	97 41 53.9
3	93 02 06.0
4	44 03 51.6
5	50 42 44.3
6	59 57 57.2
7	69 19 22.1
8	99 56 38.2
9	29 05 51.3
10	50 57 29.0

试按坐标平差法求：

(1) 误差方程及法方程；

(2) 待定点最或是坐标及点位中误差；

(3) 观测值改正数及平差值。

7.6.55 有三角网如图 7-31 所示，已知 BH 边的方位角为 $\alpha_{BH} = 284°57'29.5''$，$A$、$B$ 为已知点，其坐标为：

$$X_A = 97\,689.562\text{m},$$

$$Y_A = 31\ 970.853\text{m},$$
$$X_B = 102\ 344.255\text{m},$$
$$Y_B = 34\ 194.167\text{m},$$

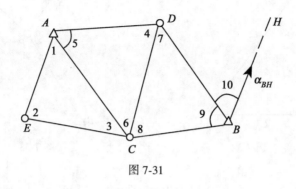

图 7-31

C、D、E 点为待定点，观测角值为：

角号	观测值 ° ′ ″	角号	观测值 ° ′ ″
1	60 05 11.4	6	63 57 27.7
2	56 30 12.5	7	65 23 03.9
3	63 24 37.6	8	60 34 45.2
4	66 40 43.9	9	54 02 11.8
5	49 21 49.8	10	54 14 40.2

试求：(1)待定点坐标平差值；(2)CE 边的相对中误差。

7-7 测边网坐标平差

7.7.56 在图 7-32 所示的直角三角形 ABC 中，边长观测值 $L_1 = 278.61\text{m}$，$L_2 = 431.52\text{m}$，$L_3 = 329.56\text{m}$，$Q_L = I$。若选 AB 及 AC 距离为未知参数 $\hat{X}_1$、$\hat{X}_2$，并令 $X_1^0 = L_3$，$X_2^0 = L_1$，试按间接平差法：

(1)列出误差方程；
(2)求改正数 V 及边长平差值 $\hat{L}$；
(3)列出 BC 边边长平差值的未知数函数式，并计算其权。

7.7.57 在图 7-33 所示的测边网中，A、B、C 为已知点，P 为待定点，已知点坐标为：

$$X_A = 8\ 879.256\text{m},\quad Y_A = 2\ 224.856\text{m},$$
$$X_B = 8\ 597.934\text{m},\quad Y_B = 2\ 216.789\text{m},$$

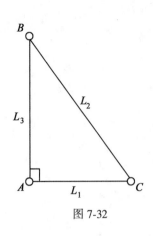
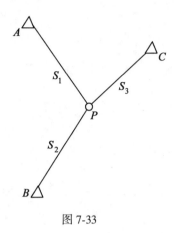

图 7-32　　　　　　　　　图 7-33

$$X_C = 8\,853.040\text{m}, \quad Y_C = 2\,540.460\text{m}_\circ$$

P 点近似坐标为：

$X_P^0 = 719.900\text{m}, \quad Y_P^0 = 332.800\text{m}_\circ$

同精度测得边长观测值为：

$S_1 = 192.478\text{m}, \quad S_2 = 168.415\text{m}, \quad S_3 = 246.724\text{m}_\circ$

试按坐标平差法求：

(1) 误差方程；

(2) 法方程；

(3) 坐标平差值及协因数阵 $Q_{\hat{X}}$；

(4) 观测值的改正数 X 及平差值 $\hat{L}$。

7.7.58　在如图 7-34 所示的测边网中，A、B、C 为已知点，P_1、P_2 为待定点，观测了 7 条边长，观测精度为 $\sigma_{S_i} = \sqrt{S_i}$(cm)（$S_i$ 的单位为 m），设 100m 长度的观测精度为单位权中误差，观测值及各观测值的权为：

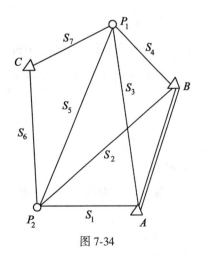

图 7-34

编号	边观测值/m
1	249.115
2	380.913
3	317.406
4	226.930
5	321.154
6	215.109
7	194.845

已知坐标和近似坐标为：

点号	已知坐标/m		点号	近似坐标/m	
	X	Y		X	Y
A	586.843	488.027	P_1	880.267	367.025
B	776.407	568.693	P_2	585.832	238.972
C	795.565	191.581			

设待定点坐标平差值为参数，试：（1）列出误差方程及法方程；（2）求出待定点坐标平差值及点位中误差；（3）求观测值改正数及平差值。

7-8 导线网间接平差

7.8.59 如图 7-35 所示的单一附合导线，A、B 为已知点，P_1、P_2、P_3 为待定点，观测角中误差 $\sigma_\beta = 3''$，观测边中误差为 $\sigma_{S_i} = \sqrt{5^2 + (5 \times S_i(\text{km}) \times 10^{-6})^2}$（mm）。

已知数据和观测值为：

点号	已知坐标		已知方位角
	X/m	Y/m	
A	6 556.947	4 101.735	49°30′13.4″
B	8 748.155	6 667.647	

角号	观测角 ° ′ ″	边号	观测边/m
1	291 45 27.8	S_1	1 628.524
2	275 16 43.8	S_2	1 293.480
3	128 49 32.3	S_3	1 229.421
4	274 57 18.2	S_4	1 511.185
5	289 10 52.9		

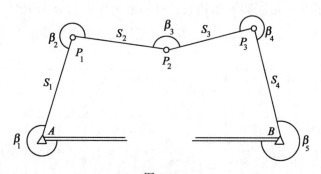

图 7-35

试按间接平差法计算 P_1、P_2、P_3 点的坐标平差值。

7.8.60 在图 7-36 的单一附合导线上观测了 4 个角度和 3 条边长。已知数据为：

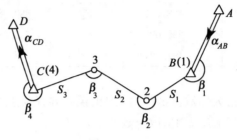

图 7-36

$X_B = 203\,020.348\text{m}$，$Y_B = -59\,049.801\text{m}$，
$X_C = 203\,059.503\text{m}$，$Y_C = -59\,796.549\text{m}$，
$\alpha_{AB} = 226°44'59''$，$\alpha_{CD} = 324°46'03''$。
观测值为：

点号	角度 ° ′ ″	边长/m
$B(1)$	230 32 37	
2	180 00 42	204.952
3	170 39 22	200.130
$C(4)$	236 48 37	345.153

已知测角中误差 $\sigma_\beta = 5''$，测边中误差 $\sigma_{S_i} = 0.5\sqrt{S_i(\text{m})}$（mm），试按间接平差法求：
(1) 导线点 2、3 点的坐标平差值；
(2) 观测值的改正数和平差值。

7.8.61 有一个节点的导线网如图 7-37 所示，A、B、C 为已知点，P_1、P_2、P_3、P_4 为待定点，观测了 9 个角度和 6 条边长。已知测角中误差 $\sigma_\beta = 10''$，测边中误差 $\sigma_{S_i} = \sqrt{S_i}(\text{mm})$（$i = 1, 2, \cdots$，$S_i$ 以 m 为单位），已知起算数据和待定点近似坐标为：

点	已知坐标/m		至点	已知方位角	点	近似坐标/m	
	X	Y				X	Y
A	620.117	347.871	D	202 42 54.1	P_1	663.470	323.670
B	822.790	281.322	E	313 57 29.2	P_2	719.940	348.880
C	785.482	509.202	F	130 57 20.1	P_3	754.220	298.460

观测值为:

编号	角观测值 ° ′ ″	编号	边观测值 /m
1	128 07 02.1	1	49.745
2	233 13 24.6	2	61.883
3	100 09 33.7	3	70.694
4	212 00 16.4	4	61.048
5	138 15 09.6	5	101.356
6	110 30 46.3	6	77.970
7	210 04 42.5		
8	226 08 55.6		
9	149 19 42.8		

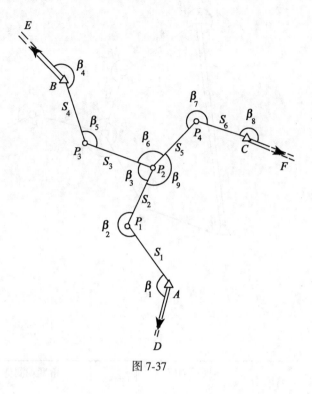

图 7-37

设待定点坐标为参数,试按间接平差法求:

(1)误差方程;
(2)单位权中误差;
(3)待定点坐标平差值、协因数阵及点位中误差。

7.8.62 有导线网如图 7-38 所示,A、B、C、D 为已知点,$P_1 \sim P_6$ 为待定点,观测了 14 个角度和 9 条边长。已知测角中误差 $\sigma_\beta = 10''$,测边中误差 $\sigma_{S_i} = \sqrt{S_i}$ (mm)($i = 1$, 2, …, 9),S_i 以 m 为单位,已知点数据和待定点近似坐标为:

点号	坐标		点号	近似坐标	
	X/m	Y/m	P	X/m	Y/m
A	871.189 3	220.822 3	1	825.810	272.250
B	632.217 3	179.481 1	2	740.107	312.579
C	840.940 0	533.401 8	3	768.340	392.230
D	663.475 2	570.710 0	4	732.041	470.885
			5	681.630	279.300
			6	674.567	506.177

观测数据为:

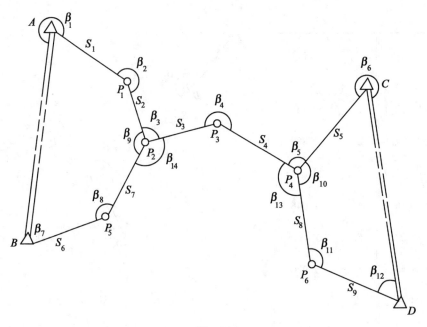

图 7-38

编号	角度观测值 ° ′ ″	编号	角度观测值 ° ′ ″	编号	边长观测值/m
1	301 36 31.0	8	145 58 18.1	1	68.582
2	203 22 35.2	9	125 09 37.5	2	94.740
3	95 41 09.1	10	118 35 26.3	3	84.523
4	224 17 27.4	11	131 18 15.2	4	86.668
5	95 05 02.1	12	68 22 31.6	5	125.651
6	318 16 06.5	13	146 19 37.1	6	111.449
7	53 51 08.7	14	139 09 15.9	7	67.289
				8	67.456
				9	65.484

设待定点坐标为参数，试按间接平差法求：

(1) 误差方程；

(2) 待定点坐标平差值及点位中误差。

7-9 GPS 网平差

7.9.63 图 7-39 为一个 GPS 网，G01、G02 为已知点，G03、G04 为待定点，已知点的三维坐标为：

	X/m	Y/m	Z/m
1	-2 411 745.121 0	-4 733 176.763 7	3 519 160.340 0
2	-2 411 356.691 4	-4 733 839.084 5	3 518 496.438 7

待定点的三维近似坐标为：

	X^0/m	Y^0/m	Z^0/m
3	-2 416 372.766 5	-4 731 446.576 5	3 518 275.019 6
4	-2 418 456.552 6	-4 732 709.881 3	3 515 198.767 8

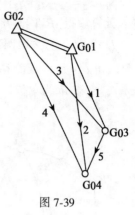

图 7-39

用 GPS 接收机测得了 5 条基线，每一条基线向量中 3 个坐标差观测值相关，各基线向量互相独立，观测数据为：

基线号	ΔX/m	ΔY/m	ΔZ/m	基线方差阵
1	-4 627.587 6	1 730.258 3	-885.400 4	$\begin{bmatrix} 0.0470324707313 & 0.0502008806794 & -0.0328144563391 \\ 对 & 0.0921876881308 & -0.0469678724634 \\ 称 & & 0.0562339822882 \end{bmatrix}$
2	-6 711.449 7	466.844 5	-3 961.582 8	$\begin{bmatrix} 0.0247314380892 & 0.0287685905486 & -0.0150977357492 \\ 对 & 0.0665508758432 & -0.0285111124368 \\ 称 & & 0.0309438987792 \end{bmatrix}$
3	-5 016.071 9	2 392.441 0	-221.395 3	$\begin{bmatrix} 0.0407009983916 & 0.0441453007070 & -0.0274864940544 \\ 对 & 0.0847437135132 & -0.0413990340052 \\ 称 & & 0.0488698420477 \end{bmatrix}$
4	-7 099.878 8	1 129.243 1	-3 297.753 0	$\begin{bmatrix} 0.0277944383522 & 0.0315226383688 & -0.0177584958203 \\ 对 & 0.0692051980483 & -0.0310603246537 \\ 称 & & 0.0347083205959 \end{bmatrix}$
5	-2 083.812 3	-1 263.362 8	-3 076.245 2	$\begin{bmatrix} 0.0373160099279 & 0.0407449555483 & -0.0245280045335 \\ 对 & 0.0800162721033 & -0.0380286407799 \\ 称 & & 0.0446940784891 \end{bmatrix}$

设待定点坐标平差值为参数 $\hat{X}$，$\hat{X} = [\hat{X}_3 \quad \hat{Y}_3 \quad \hat{Z}_3 \quad \hat{X}_4 \quad \hat{Y}_4 \quad \hat{Z}_4]^T$。
试按间接平差法求：
（1）误差方程及法方程；
（2）参数改正数；
（3）待定点坐标平差值及精度。

7-10 综合练习题

7.10.64 有水准网如图 7-40 所示，A、B 为已知水准点，P_1、P_2、P_3 为待定点，现

观测高差 $h_1 \sim h_8$，相应的路线长度为：

$S_1 = S_2 = S_3 = S_4 = S_5 = S_6 = 2\text{km}$，$S_7 = S_8 = 1\text{km}$，若设 2km 观测高差为单位权观测值，经平差计算后得 $[PVV] = 78.62(\text{mm})$，试计算网中 3 个待定点平差后高程的中误差。

7.10.65　有大地四边形如图 7-41 所示，A、B 为已知点，P_1、P_2 为待定点，观测了 8 个内角 $L_1 \sim L_8$，观测精度为 $\sigma_\beta = 10''$；又观测了 2 条边 S_1、S_2，观测精度为 $\sigma_{S_i} = \sqrt{S_i}$（cm），$S_i$ 以 m 为单位。

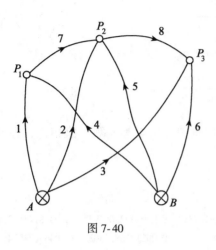

图 7-40

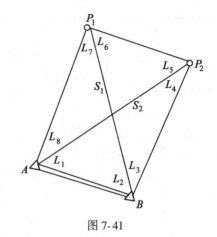

图 7-41

已知点坐标为：

$X_A = 662.467\text{m}$，$Y_A = 198.639\text{m}$；

$X_B = 626.167\text{m}$，$Y_B = 416.436\text{m}$。

待定点近似坐标为：

$X_{P_1}^0 = 870.181\text{m}$，$Y_{P_1}^0 = 278.296\text{m}$；

$X_{P_2}^0 = 831.865\text{m}$，$Y_{P_2}^0 = 436.603\text{m}$。

角度和边长的观测值为：

编号	角观测值 ° ′ ″	编号	角观测值 ° ′ ″	编号	边观测值 /m
1	44 54 27.1	5	49 03 07.5	S_1	280.406
2	51 01 21.6	6	46 52 45.0	S_2	292.100
3	35 06 51.2	7	50 29 48.1		
4	48 57 17.0	8	33 34 22.8		

设以待定点坐标平差值为参数 $\hat{X}$，按间接平差法求：

(1) 误差方程及法方程；

(2) 待定点坐标平差值、协因数阵及点位中误差；

(3) 观测值改正数及平差值。

7.10.66　如图 7-42 所示为一边角网，A、B、C、D、E 是已知点，P_1、P_2 为待定点，

同精度观测了 9 个角度 $L_1 \sim L_9$，测角中误差为 2.5″；观测了 5 条边长 $L_{10} \sim L_{14}$，观测结果及中误差列于表中，试按间接平差法求 P_1、P_2 点的坐标平差值及其点位中误差。

点	坐标/m		至点	边长/m	坐标方位角
	X	Y			
A	3 143.237	5 260.334	B	1 484.781	350 54 27.0
B	4 609.361	5 025.696	C	3 048.650	0 52 06.0
C	7 657.661	5 071.897	D		
D	4 157.197	8 853.254	E		109 31 44.9

角					边		
编号	观测值 L ° ′ ″		编号	观测值 L ° ′ ″	编号	观测值 L/m	中误差/cm
1	44 05 44.8		6	74 22 55.1	10	2 185.070	3.3
2	93 10 43.1		7	127 25 56.1	11	1 522.853	2.3
3	42 43 27.2		8	201 57 34.0	12	3 082.621	4.6
4	76 51 40.7		9	168 01 45.2	13	1 500.017	2.2
5	28 45 20.9				14	1 009.021	1.5

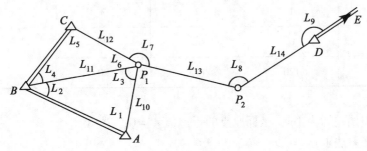

图 7-42

7.10.67 为确定某一抛物线方程 $y^2 = ax$，观测了 5 组数据（见右表），且 x_i 无误差，y_i 为互相独立的等精度观测值，试求：
(1) 该抛物线方程；
(2) 待定系数 $\hat{a}$ 的中误差。

序号	x/cm	y/cm
1	1	1.90
2	2	2.70
3	3	3.35
4	4	3.80
5	5	4.32

7.10.68 在某地形图上有一矩形稻田（图 7-43），为确定其面积，测量了该矩形的长 L_1、宽 L_2，并用求积仪测量了该矩形的面积 L_3。

观测值及观测精度如下：

序号	L_i	σ_i^2
1	70cm	1cm²
2	30cm	1cm²
3	2 115cm²	2cm⁴

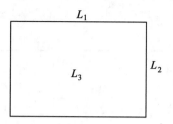

图 7-43

试按间接平差法求该矩形面积的平差值及其中误差。

7.10.69 为确定某一直线方程 $y = ax+b$,观测了6组数据(见右表),X_i,Y_i 均为互相独立的等精度观测值,试按间接平差法求:

(1) 该直线方程;

(2) 直线方程的参数 $\hat{a}$、$\hat{b}$ 的中误差。

序号	X_i/cm	Y_i/cm
1	1	3.30
2	2	4.56
3	3	5.90
4	4	7.10
5	5	8.40
6	6	9.60

7.10.70 已知一圆弧上4个点的正射像片坐标 X,Y 的值如下:

点	1	2	3	4
X/m	0	50	90	120
Y/m	120	110	80	0

观测值的中误差均为1m,坐标原点的近似值 $A^0 = 0$,$B^0 = 0$,

试按间接平差法求:

(1) 平差后圆的方程;

(2) 平差后圆的面积及其中误差;

(3) 平差后圆心的点位中误差。

7.10.71 对某待定点坐标 X、Y 分别进行了 n 次独立观测 (X_i, Y_i) ($i=1, 2, \cdots, n$),已知 X_i、Y_i 是相关观测值,其协因数阵为:

$$Q_{ii} = \begin{bmatrix} Q_{X_iX_i} & Q_{X_iY_i} \\ Q_{Y_iX_i} & Q_{Y_iY_i} \end{bmatrix},$$

试按间接平差法求待定点坐标的平差值及其协因数阵。

7.10.72 采用间接平差法对某水准网进行平差,得到误差方程及权阵(取 $C = 2$km)如下:

$$\begin{bmatrix} v_1 \\ v_2 \\ v_3 \\ v_4 \\ v_5 \\ v_6 \end{bmatrix} = \begin{bmatrix} 1 & 0 \\ 1 & 0 \\ 0 & 1 \\ 1 & -1 \\ -1 & 0 \\ 0 & -1 \end{bmatrix} \begin{bmatrix} \hat{x}_1 \\ \hat{x}_2 \end{bmatrix} - \begin{bmatrix} H_A+h_1 \\ H_A+h_2 \\ H_A+h_3 \\ h_4 \\ -H_B+h_5 \\ -H_B+h_6 \end{bmatrix} \quad P = \begin{bmatrix} 1 & 0 & 0 & 0 & 0 & 0 \\ 0 & 1 & 0 & 0 & 0 & 0 \\ 0 & 0 & 1 & 0 & 0 & 0 \\ 0 & 0 & 0 & 2 & 0 & 0 \\ 0 & 0 & 0 & 0 & 1 & 0 \\ 0 & 0 & 0 & 0 & 0 & 1 \end{bmatrix}$$

(1) 试画出该水准网的图形;

(2) 若已知误差方程常数项 $l = \begin{bmatrix} 2 & 1 & 0 & -2 & 0 & -1 \end{bmatrix}^T$ (mm),求观测值的改正数;

(3) 求每公里观测高差的中误差。

7.10.73 如图7-44所示,A、D 为已知水准点,B、C 为未知点,观测了4条水准路线,路线长度分别为 $S_1 = S_4 = 2\text{km}$,$S_2 = S_3 = 1\text{km}$,某人平差算得各高差改正数向量为 $V = \frac{1}{6}\begin{bmatrix} -20 & 1 & 1 & 22 \end{bmatrix}^T$ (mm)。

此结果对吗?为什么?

7.10.74 如图7-45所示水准网,水准路线长度均为4公里,设每公里观测高差的中误差为2mm。试估算平差后点 P_1、P_2 的高程的中误差。

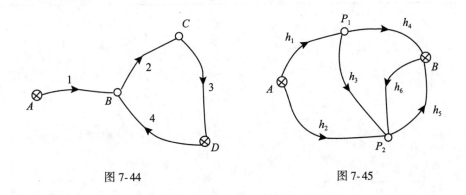

图 7-44 图 7-45

7.10.75 有平面控制网如图7-46所示,C、D 为已知点,A、B、E 为待定点。在 A、C、D 三点上观测,得到了 $L_i (i=1,2,\cdots,11)$ 个方向观测值,列出测站 A 各方向的观测方程或误差方程(非线性不需线性化)。

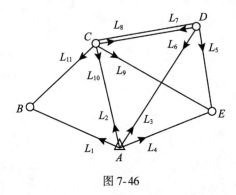

图 7-46

7.10.76 某平差问题列有误差方程，观测值的权阵为单位阵，试求：
(1) 参数的平差值；
(2) 参数的函数 $\hat{\varphi}=\hat{x}_1-\hat{x}_2+4$ 的中误差。

$v_1=\hat{x}_1$

$v_2=-\hat{x}_1+\hat{x}_2-2(\mathrm{mm})$

$v_3=-\hat{x}$

$v_4=\hat{x}_1-\hat{x}_2+4(\mathrm{mm})$

7.10.77 有两个参数的坐标转换，新坐标系中的坐标为 (x_i, y_i)（同精度独立观测），旧坐标系中的坐标为 (x'_i, y'_i)（无误差），设新旧坐标系为同一原点，现有3个同名点的新旧坐标，列于表中，试求两个转换参数 m，α。$\left(\text{坐标转换公式为}\begin{cases}x_i=x'_i m\cos\alpha-y'_i m\sin\alpha\\y_i=y'_i m\cos\alpha+x'_i m\sin\alpha\end{cases}\right)$

点号 i	x'_i	y'_i	x_i	y_i
1	2	1	1.1	2.8
2	1	0.5	0.4	1.6
3	3	1.5	2.6	4.6

第八章 附有限制条件的间接平差

8-1 附有限制条件的间接平差原理

8.1.01 附有限制条件的间接平差中的限制条件方程与条件平差中的条件方程有何异同？

8.1.02 附有限制条件的间接平差法适用于什么样的情况，解决什么样的平差问题？在水准测量平差中，经常采用此平差方法吗？

8.1.03 采用附有限制条件的间接平差，对参数的选取有何限制？

8.1.04 试按附有限制条件的间接平差法列出如图 8-1 所示图形的函数模型。

(a) 已知值：α_{OC}
观测值：$L_1 \sim L_5$
参数：$\widetilde{L_1}$、$\widetilde{L_2}$、$\widetilde{L_3}$、$\angle AOC$

(b) 已知点：A、B
观测值：$h_1 \sim h_5$
参数：$\widetilde{h_1}$、$\widetilde{h_2}$、$\widetilde{h_4}$、$\widetilde{h_5}$

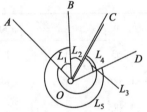
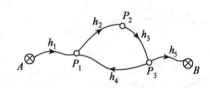

图 8-1

8.1.05 在大地四边形中（图 8-2），A、B 为已知点，C、D 为待定点，现选取 L_3、L_4、L_5、L_6、L_8 的平差值为参数，记为 $\hat{X}_1, \hat{X}_2, \cdots, \hat{X}_5$，试列出误差方程和限制条件。

8.1.06 在三角形 ABC 中（图 8-3），A、C 间边长 S_{AC} 为已知，L_1、L_2、L_3 为角度观测值，S_1、S_2 为边长观测值。若设参数 $\hat{X} = [\hat{X}_1 \quad \hat{X}_2 \quad \hat{X}_3]^T = [\hat{L}_1 \quad \hat{L}_2 \quad \hat{L}_3]^T$，试列出误差方程和限制条件。

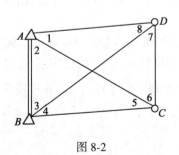
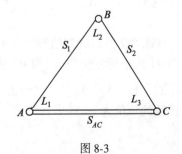

图 8-2   图 8-3

8.1.07 试按附有限制条件的间接平差法列出如图 8-4 所示图形的函数模型。

(a) 已知值：矩形的对角边 S
观测值：$L_1 \sim L_4$
参数：$\widetilde{L}_1$、$\widetilde{L}_2$、$\widetilde{L}_3$

(b) 已知值：y_0
观测值：$y_1 \sim y_5$
参数：$\widetilde{a}$、$\widetilde{b}$

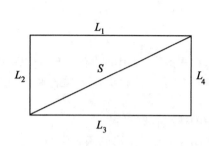
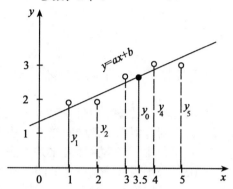

图 8-4

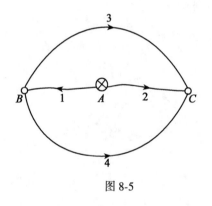

图 8-5

8.1.08 在图 8-5 所示的水准网中，A 为已知点，其高程 $H_A = 10\text{m}$，观测高差和路线长度为：

线路	h_i/m	S_i/km
1	2.563	1
2	-1.326	1
3	-3.885	2
4	-3.883	2

若设参数 $\hat{X} = [\hat{X}_1 \quad \hat{X}_2 \quad \hat{X}_3]^T = [\hat{H}_B \quad \hat{h}_3 \quad \hat{h}_4]^T$，定权时 $C = 2\text{km}$。试列出
(1) 误差方程式及限制条件；
(2) 法方程式。

8.1.09 在图 8-6 中，A、B 为已知三角点，C、D 为待定点，观测了 9 个内角 $L_1 \sim L_9$。现选取参数 $\hat{X} = [\hat{X}_1 \quad \hat{X}_2 \quad \hat{X}_3 \quad \hat{X}_4 \quad \hat{X}_5]^T = [\hat{L}_1 \quad \hat{L}_2 \quad \hat{L}_3 \quad \hat{L}_4 \quad \hat{L}_5]^T$，试列出误差方程式和限制条件。

8.1.10 在图 8-7 所示的测边网中，A、B 为已知点，1、2 为待定点，观测了 $S_1 \sim S_5$ 5 条边长，已知 $A1$ 边坐标方位角 α_{A1} 和 $B2$ 边坐标方位角 α_{B2}，若设待定点 1、2 的坐标平差值为参数 $\hat{X} = [\hat{X}_1 \quad \hat{Y}_1 \quad \hat{X}_2 \quad \hat{Y}_2]^T$，试列出误差方程和限制条件方程(方程用字母表示，待定点坐标改正数的单位为 cm)。

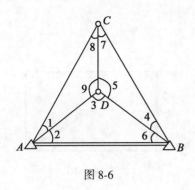

图 8-6

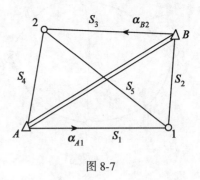

图 8-7

8.1.11 有平面无定向导线如图 8-8 所示，A、B 为已知点，C、D 为待定点，其间的边长 S_0 为已知。

观测了转角 β_1、β_2，边长 S_1、S_2，试求：

(1) 多余观测量的个数；

(2) 若设待定点坐标为参数，列出估计参数的所有方程(非线性不需线性化)。

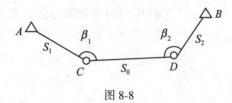

图 8-8

8.1.12 有水准网如图 8-9 所示，已知 A、B 两点的高程为 $H_A = 1.00\text{m}$，$H_B = 10.00\text{m}$，P_1、P_2 为待定点，同精度独立观测了 5 条路线的高差：

$h_1 = 3.58\text{m}$， $h_2 = 5.40\text{m}$， $h_3 = 4.11\text{m}$， $h_4 = 4.85\text{m}$， $h_5 = 0.50\text{m}$。

若设参数

$$\hat{X} = [\hat{X}_1 \quad \hat{X}_2 \quad \hat{X}_3]^T = [\hat{h}_1 \quad \hat{h}_3 \quad \hat{h}_4]^T，$$

试按附有限制条件的间接平差求：

(1) 待定点高程的平差值；

(2) 改正数 V 及其平差值 $\hat{L}$。

8.1.13 图 8-10 为一长方形 $L = [L_1 \quad L_2]^T = [9.40 \quad 7.50]^T (\text{cm})$，为同精度独立边长观测值，已知长方形面积为 70.2cm^2 (无误差)，

(1) 如设边长观测值为参数 $L = [L_1 \quad L_2]^T = [X_1 \quad X_2]^T$。问应采用何种平差函数模型，并给出平差所需的方程。

(2) 求平差后长方形对角线 S 的长度。

8.1.14 在图 8-11 所示的测边网中，A、B、C 为已知点，P 为待定点，同精度边长观测值为 $S_1 = 187.400\text{m}$，$S_2 = 259.780\text{m}$，$S_3 = 190.620\text{m}$，PB 边的坐标方位角 α_{PB} 为已知：$\alpha_{PB} = 66°54'54.3''$。

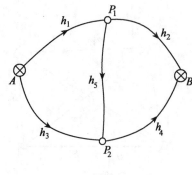

图 8-9

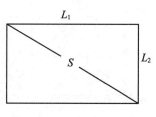

图 8-10

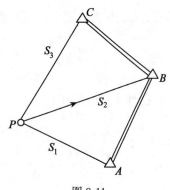

图 8-11

已知点坐标为：$X_A = 603.984\text{m}$，$Y_A = 414.420\text{m}$，
$X_B = 807.665\text{m}$，$Y_B = 496.094\text{m}$，
$X_C = 889.339\text{m}$，$Y_C = 308.546\text{m}$。

令 P 点坐标为未知参数，已算得其近似值为：$X_P^0 = 705.820\text{m}$，$Y_P^0 = 257.130\text{m}$。

(1) 试列出各观测边的误差方程和限制条件；
(2) 试求 P 点坐标的最或是值；
(3) 求边长改正数向量 V 及边长平差值 $\hat{S}$。

8.1.15 有测角网如图 8-12 所示，已知点 A、B、C 的坐标为
$X_A = 604.993\text{m}$，$Y_A = 246.030\text{m}$，
$X_B = 606.001\text{m}$，$Y_B = 489.036\text{m}$，
$X_C = 887.322\text{m}$，$Y_C = 350.896\text{m}$。

同精度角度观测值为：

编号	角观测值 ° ′ ″
1	71 52 05.1
2	45 25 09.6
3	32 18 28.5
4	30 24 25.1
5	44 28 52.3
6	72 48 11.2
7	35 43 42.4
8	112 49 56.8
9	31 26 17.2

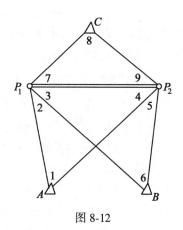

图 8-12

已知待定点 P_1、P_2 两点间的距离 $S_{P_1P_2}=327.861\mathrm{m}$（无误差）。

设 P_1、P_2 点的坐标为未知参数，其近似值为 $X^0_{P_1}=774.395\mathrm{m}$，$Y^0_{P_1}=203.686\mathrm{m}$；$X^0_{P_2}=784.470\mathrm{m}$，$Y^0_{P_2}=531.382\mathrm{m}$。

试按附有限制条件的间接平差法求：

(1) 误差方程和限制条件；
(2) 未知参数的平差值；
(3) 观测值的改正数及平差值。

8-2 精 度 评 定

8.2.16 有一长方形如图 8-13 所示，量测了矩形的 4 段边长，得同精度观测值：

$L_1=8.62\mathrm{cm}$，$L_2=3.29\mathrm{cm}$，
$L_3=8.68\mathrm{cm}$，$L_4=3.21\mathrm{cm}$。

已知矩形的面积为 $28.17\mathrm{cm}^2$，若设边长 L_1、L_2 的平差值为参数 $\hat{X}=[\hat{L}_1 \quad \hat{L}_2]^\mathrm{T}=[X_1 \quad X_2]^\mathrm{T}$，

试按附有限制条件的间接平差法求：
(1) 误差方程和限制条件；
(2) 矩形四边边长的平差值；
(3) 参数的协因数阵 $Q_{\hat{X}}$。

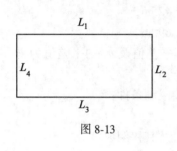

图 8-13

8.2.17 以等精度测得图 8-14 中三角形的 4 个角值为 $L_1 \sim L_4$，

$L_1=36°25'10''$，
$L_2=48°16'32''$，
$L_3=95°18'10''$，
$L_4=264°41'38''$。

现设参数 $\hat{X}=[\hat{X}_1 \quad \hat{X}_2 \quad \hat{X}_3]^\mathrm{T}=[\hat{L}_1 \quad \hat{L}_2 \quad \hat{L}_3]^\mathrm{T}$，
试按附有限制条件的间接平差：
(1) 列出误差方程和限制条件；
(2) 列出法方程，并计算未知数的平差值及协因数阵；
(3) 计算 $\hat{L}_4$ 及其权倒数。

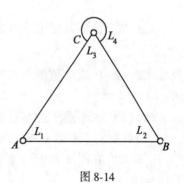

图 8-14

8.2.18 某平差问题中，有同精度独立观测值 $L_1 \sim L_4$，按附有限制条件的间接平差进行计算，已列出误差方程为：

$$V_1=\hat{x}_1-4,$$
$$V_2=\hat{x}_1-1,$$
$$V_3=\hat{x}_2+2,$$
$$V_4=x_1+x_2+6,$$

限制条件为：$3\hat{x}_1+2\hat{x}_2+5=0$。
设有未知数的函数：

$$\hat{\varphi}=\hat{x}_1-2\hat{x}_2。$$

(1)试写出法方程；

(2)求出未知数 $\hat{x}_1$、$\hat{x}_2$ 及联系数 K_S；

(3)计算未知数函数的权倒数 $Q_{\hat{\varphi}}$。

8.2.19 试证明在附有限制条件的间接平差法中：(1)改正数向量 V 与平差值向量 $\hat{L}$ 互不相关；

(2)联系数 K_S 与未知数的函数 $\hat{\varphi}=f^T\hat{x}+f_0$ 互不相关。

8-3 综合练习题

8.3.20 有水准网如图 8-15 所示，A、B 为已知点，其高程为 $H_A = 13.140$m，$H_B = 10.210$m。P_1、P_2 点为待定点，同精度观测高差值为：

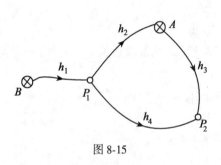

图 8-15

$h_1 = 2.513$m，$h_2 = 0.425$m，

$h_3 = 2.271$m，$h_4 = 2.690$m。

若选 P_1、P_2 点高程平差值及 h_1 的平差值为未知参数，试：

(1)列出误差方程和限制条件；

(2)组成法方程；

(3)求参数的平差值及其权倒数；

(4)求高差平差值 $\hat{h}_1$ 的中误差；

(5)求各高差平差值。

8.3.21 某平差问题的函数模型为：
$$\begin{aligned} v_1 + v_2 + v_3 &= 2\hat{x}_1 + \hat{x}_2 + 2 \\ v_1 + 2v_2 &= 3\hat{x}_1 - \hat{x}_2 - 7 \\ v_2 + v_3 &= \hat{x}_1 - 1 \end{aligned}$$

及 $\hat{x}_1 - 2\hat{x}_2 - 2 = 0$。观测值的方差阵为 $D_{LL} = \text{diag}[\sigma^2 \ \sigma^2 \ \sigma^2]$，试求：

(1)该平差问题的必要观测数 t 和多余观测数 r；

(2)参数的平差值 $\hat{x}$ 和改正数 V。

8.3.22 在图 8-16 所示的测角网中，A、B 为已知三角点，其坐标为：

$X_A = 655.409$m，$Y_A = 252.080$m；

$X_B = 866.148$m，$Y_B = 478.952$m。

同精度观测了 6 个角度，其值为：

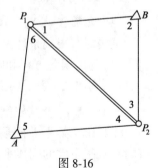

图 8-16

编号	观测值 ° ′ ″	编号	观测值 ° ′ ″
1	41 46 32.1	4	43 54 04.1
2	90 12 35.2	5	76 32 52.5
3	48 00 52.9	6	59 32 56.4

已知待定点 P_1、P_2 之间的边长 $S_{P_1P_2}=274.874\text{m}$，

已算得 P_1、P_2 点的近似坐标为：

$X^0_{P_1}=850.01\text{m}$，　　　$Y^0_{P_1}=275.27\text{m}$；

$X^0_{P_2}=683.63\text{m}$，　　　$Y^0_{P_2}=494.08\text{m}$。

设 P_1、P_2 点坐标为未知参数，$\hat{X}=[\hat{X}_1\ \hat{Y}_1\ \hat{X}_2\ \hat{Y}_2]^T$，试：

（1）列出误差方程和限制条件；

（2）列出法方程并计算待定点坐标平差值；

（3）计算平差 P_1、P_2 点的点位中误差；

（4）计算观测值平差值 $\hat{L}$。

8.3.23　在图8-17所示的直角三角形中，已知点 A、B 的坐标为：

$X_A=881.272\text{m}$，$Y_A=185.531\text{m}$；

$X_B=774.390\text{m}$，$Y_B=334.763\text{m}$。

观测了角度 L_1、L_2，

$L_1=36°00'02.0''$，

$L_2=53°51'10.00''$。

角度观测精度均为 $\sigma_L=1''$。

观测了边长 S_1、S_2，观测精度均为 $\sigma_S=10\text{mm}$，$S_1=148.283\text{m}$，$S_2=107.967\text{m}$。

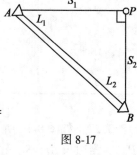

图8-17

设 P 点的坐标为未知参数，其近似坐标为 $X^0_P=882.270\text{m}$，$Y^0_P=3\,133.750\text{m}$。

试按附有限制条件的间接平差法求：

（1）误差方程和限制条件方程；

（2）法方程及解；

（3）坐标平差值；

（4）观测值的平差值。

8.3.24　已知一条直线方程 $y=ax+b$ 经过已知点（0.4，1.2）处，为确定待定系数 a 和 b，量测了 $x=1$，2，3处的函数值 y_i（y_i 为等精度观测值）：$y_1=1.6\text{cm}$，$y_2=2.0\text{cm}$，$y_3=2.4\text{cm}$。

试求：

（1）误差方程及限制条件方程；

（2）直线方程 $y=\hat{a}x+\hat{b}$；

（3）参数 $\hat{a}$、$\hat{b}$ 的协因数阵；

（4）改正数 V 及其协因数阵。

8.3.25　有一矩形如图8-18所示。已知一对角线长 $S_0=59.00\text{cm}$（无误差），同精度观测了矩形的边长 L_1、L_2，$L_1=50.830\text{cm}$，$L_2=30.240\text{cm}$，若设参数 $\hat{X}=[\hat{X}_1\ \hat{X}_2]^T=[\hat{L}_1\ \hat{L}_2]$。

试按附有限制条件的间接平差法求：

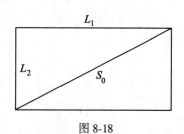

图8-18

(1) 误差方程及限制条件；

(2) L_1、L_2 的平差值及其中误差；

(3) 矩形面积平差值 $\hat{S}$ 及其中误差 $\sigma_{\hat{S}}$。

8.3.26 为了确定某一抛物线 $y=a_0+a_1x+a_2x^2$，取得的数据列于表中，且 x_i 无误差，y_i 为互相独立的等精度观测值。规定 $x=1$ 处的抛物线切线正好通过坐标原点，试按附有限制条件的间接平差求：

(1) 该抛物线的方程；

(2) 抛物线顶点 S 的点位中误差。

点号	x_i/cm	y_i/cm
1	−5	0
2	−3	−2
3	−1	0
4	1	3
5	3	10

8.3.27 如图 8-19 所示，A、B、C、D 为已知点，由 A、C 分别观测位于直线 AC 上的点 P。观测边长 S_1、S_2 及角度 α、β。设方位角 $\alpha_{AP}=\alpha_{PC}=90°$，观测边长 $S_1=S_2=1\mathrm{km}$，中误差均为 $\sigma_s=2\mathrm{cm}$，角度 α、β 的观测中误差为 $\sigma_\alpha=\sigma_\beta=2''$。求平差后 P 点横坐标的方差（取 $\rho=2\times10^5$）。

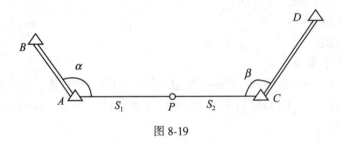

图 8-19

8.3.28 设某控制网的误差方程为 $V=B\hat{x}-l$，参数近似值为 X^0，观测值 L 的权阵为 P。采用间接平差得参数估值 $\hat{x}$ 及参数的协因数阵 $Q_{\hat{x}\hat{x}}$。在该网中增加固定值(无误差)，设其对应的限制条件为方程 $C\hat{x}+W_x=0$。试求对原平差结果的修正量 $\Delta\hat{x}$ 及 $\Delta Q_{\hat{x}\hat{x}}$，使修正结果与采用附有限制条件的间接平差法所用的参数 $\hat{x}'$ 及协因数阵 $Q_{\hat{x}'\hat{x}'}$ 相同。

第九章 概括平差函数模型

9-1 基本平差方法和概括函数模型

9.1.01 何谓一般条件方程？何谓限制条件方程？它们之间有何区别？

9.1.02 什么是概括平差函数模型？指出此模型的主要作用是什么。

9.1.03 有条件方程：
$$v_1+v_3+\hat{x}_1+w_1=0$$
$$v_2-v_4-v_5+w_2=0$$
$$v_5-v_6-v_7+w_3=0$$
$$v_4+v_7+\hat{x}_3+w_4=0$$
$$v_6+\hat{x}_2-\hat{x}_3+w_5=0$$
$$\hat{x}_1+\hat{x}_2+w_x=0$$

试指出方程中的 n、t、r、u、s 各为多少？

9-2 附有限制条件的条件平差原理

9.2.04 附有限制条件的条件平差模型在解决实际平差问题中有什么意义？

9.2.05 某平差问题有15个同精度观测值，必要观测数等于8，现选取8个参数，且参数之间有2个限制条件。若按附有限制条件的条件平差法进行平差，应列出多少个条件方程和限制条件方程？由其组成的法方程有几个？

9.2.06 在测站 O 上观测 A、B、C、D 四个方向（图9-1），得等精度观测值为：

$L_1 = 44°03'14.5''$， $L_2 = 43°14'20.0''$，

$L_3 = 53°33'32.0''$， $L_4 = 87°17'31.5''$，

$L_5 = 96°47'53.0''$， $L_6 = 140°51'06.5''$。

若选参数 $\hat{X}=[\hat{X}_1 \quad \hat{X}_2 \quad \hat{X}_3]^T=[\hat{L}_1 \quad \hat{L}_2 \quad \hat{L}_4]^T$，

设参数近似值为：

$X_1^0=L_1$, $X_2^0=L_2$, $X_3^0=L_4$。

试按附有限制条件的条件平差法：

(1) 列出条件方程和限制条件方程；

(2) 列出法方程，解出参数的平差值；

(3) 求改正数向量及观测角的平差值。

9.2.07 在图9-2所示的水准网中，A 为已知点，$H_A = 15.100$m，各水准路线观测

值为：

$h = [1.359 \quad 2.009 \quad 0.363 \quad 1.012 \quad 0.657]^T$m,

且为等精度独立观测值，若设 D 点高程的最或是值与 D、A 点间高差的最或是值为参数 $\hat{X}_1$ 和 $\hat{X}_2$，取近似值为：

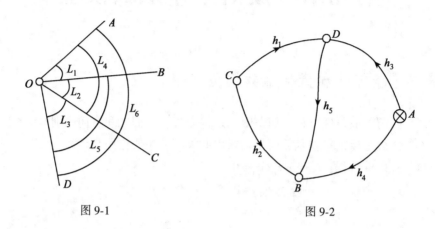

图 9-1　　　　　　　　　　图 9-2

$X_1^0 = 14.104$m，$X_2^0 = 0.996$m，

试按附有限制条件的条件平差法：

(1) 列出条件方程和限制条件方程；

(2) 求解 $\hat{X}$、V 和 $\hat{L}$。

9.2.08　图 9-3 是某工程施工放样的水准网图，A 为已知点，$H_A = 125.850$m。$P_1 \sim P_4$ 为待定点。已知 P_1、P_2 两点间的高差为 -80m，网中 5 条路线的观测高差及其方差列于表中。

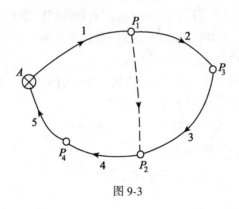

图 9-3

试：(1) 列出条件方程和限制条件；

(2) 求 P_1、P_2 两点高程的平差值 $\hat{H}_{P_1}$，$\hat{H}_{P_2}$；

(3) 求观测值的改正数 V 及平差值 $\hat{L}$；

(4) 求 P_3 点高程的平差值的方差。

路 线	L/m	σ_i^2/mm²
1	−5.860	4.0
2	−35.531	6.0
3	−44.470	6.0
4	50.783	8.0
5	35.083	8.0

9.2.09 有一直线方程为 $y=ax+b$，式中 a、b 为待定系数，已知直线通过点 (1.5, 6)，现测量了 X_i 处的函数 Y_i ($i=1,2,3$)，数据列于表中。

序 号	X_i/cm	Y_i/cm
1	1.1	4.2
2	1.8	6.8
3	2.6	8.0

又已知 X_i 的方差阵 D_X 和 Y_i 的方差阵 D_Y 分别为：

$$D_X = \begin{bmatrix} 1 & 0 & -0.5 \\ 0 & 2 & 0 \\ -0.5 & 0 & 1 \end{bmatrix}, \quad D_Y = \begin{bmatrix} 1 & 0 & 0 \\ 0 & 1 & 0 \\ 0 & 0 & 2 \end{bmatrix},$$

X_i 和 Y_i 互相独立，若设待定系数的平差值为参数，即 $\hat{X} = [\hat{X}_1 \quad \hat{X}_2]^T = [\hat{a} \quad \hat{b}]^T$，试：

(1) 列出条件方程和限制条件方程；
(2) 列出法方程；
(3) 求平差后的直线方程。

9.2.10 在图 9-4 所示的测角网中，A、B、C 点为已知点，P_1、P_2 为待定点，已知数据为：

$S_{AB} = 4\,001.117 \text{m}$，$S_{BC} = 7\,734.443 \text{m}$，

$T_{AB} = 14°00'35.77''$，$T_{BC} = 123°10'57.97''$。

角度观测值为：

角 号	观 测 值 ° ′ ″			角 号	观 测 值 ° ′ ″		
1	84	07	38.2	7	74	18	16.8
2	37	46	34.9	8	77	27	59.1
3	58	05	44.1	9	28	13	43.2
4	33	03	03.2	10	55	21	09.9
5	126	01	55.7	11	72	22	25.8
6	20	55	02.3	12	52	16	20.5

若选∠2和∠4为未知参数X_1和X_2,其近似值设为$X_1^0=L_2$,$X_2^0=L_4$,试按附有限制条件的条件平差:

(1)列出条件方程和限制条件;
(2)求观测值的改正数V。

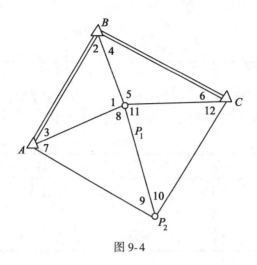

图 9-4

9-3 精 度 评 定

9.3.11 有一附合水准路线(图9-5),A、B为已知点,P_1、P_2为待定点,观测了3条路线的高差h_1、h_2、h_3,且为同精度独立观测值,若设h_1平差后的高差$\hat{h}_1$及P_1点高程平差值$\hat{H}_{P_1}$为参数,即$\hat{X}=[\hat{X}_1 \quad \hat{X}_2]^T=[\hat{h}_1 \quad \hat{H}_{P_1}]^T$,试按附有限制条件的条件平差法求参数的协因数阵$Q_{\hat{X}}$。

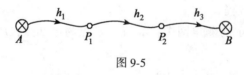

图 9-5

9.3.12 在附有限制条件的条件平差中,改正数向量$\underset{n,1}{V}$与参数$\underset{u,1}{\hat{X}}$是否相关?

9-4 各种平差方法的共性与特性

9.4.13 在解决实际平差问题时,为什么较少采用附有限制条件的条件平差法?其最大特点是什么?

9.4.14 能否说在任何一种平差模型中应列的方程总数不变,都是$r+u$?

9.4.15 概括平差函数模型在什么情况下将转换成间接平差函数模型?

9.4.16 在图9-6所示的水准网中,A为已知点,P_1、P_2、P_3为待定点,观测了5条路线的高差$h_1 \sim h_5$,相应的路线长度等长。若要求P_2点平差后高程的权,采用什么函数模型较好? 并求其权。

9.4.17 在图 9-7 所示的 GPS 向量网中, A 为已知点, P_1、P_2、P_3、P_4 点为待定点, 观测了 9 条边的基线向量 $(\Delta X_i \quad \Delta Y_i \quad \Delta Z_i)(i=1, 2, \cdots, 9)$。已知 P_2、P_3 两点间的距离(无误差), 若要求出 P_1~P_4 点坐标平差值, 宜采用何种函数模型?

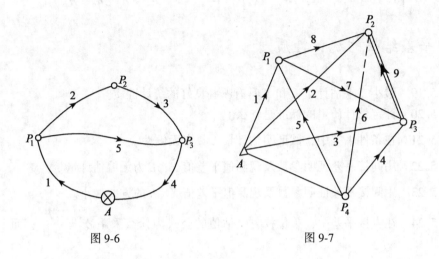

图 9-6 图 9-7

9.4.18 为确定待定点 C、D、E、F 的高程, 在 A、B 两已知点周围布设水准网(图 9-8), 观测高差 h_1~h_{12}, 试确定按下列情况引入参数时所适用的模型。

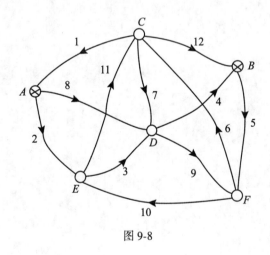

图 9-8

(1) $\hat{X} = \begin{bmatrix} \hat{X}_1 & \hat{X}_2 & \hat{X}_3 \end{bmatrix}^T = \begin{bmatrix} \hat{h}_5 & h_8 & \hat{h}_9 \end{bmatrix}^T$,

(2) $\hat{X} = \begin{bmatrix} \hat{X}_1 & \hat{X}_2 \end{bmatrix}^T = \begin{bmatrix} h_4 & \hat{h}_5 \end{bmatrix}^T$,

(3) $\hat{X} = \begin{bmatrix} \hat{X}_1 & \hat{X}_2 & \hat{X}_3 \end{bmatrix}^T = \begin{bmatrix} \hat{H}_E & \hat{H}_F & \hat{h}_3 \end{bmatrix}^T$,

(4) $\hat{X} = \begin{bmatrix} \hat{X}_1 & \hat{X}_2 & \hat{X}_3 & \hat{X}_4 & \hat{X}_5 \end{bmatrix}^T = \begin{bmatrix} \hat{H}_D & \hat{H}_F & \hat{h}_3 & \hat{h}_7 & \hat{h}_{12} \end{bmatrix}^T$,

(5) $\hat{X} = \begin{bmatrix} \hat{X}_1 & \hat{X}_2 & \hat{X}_3 & \hat{X}_4 \end{bmatrix}^T = \begin{bmatrix} \hat{h}_3 & \hat{h}_4 & \hat{h}_5 & \hat{h}_6 \end{bmatrix}^T$,

(6) $\hat{X} = \begin{bmatrix} \hat{X}_1 & \hat{X}_2 & \hat{X}_3 & \hat{X}_4 & \hat{X}_5 & \hat{X}_6 \end{bmatrix}^T = \begin{bmatrix} \hat{H}_C & \hat{h}_1 & \hat{h}_4 & \hat{h}_6 & \hat{h}_9 & \hat{H}_F \end{bmatrix}^T$。

9-5 平差结果的统计性质

9.5.19 最小二乘估计量 $\hat{L}$ 和 $\hat{X}$ 具有哪些良好的统计性质？

9.5.20 评定估计质量的标准是什么？

9.5.21 在条件平差中，试证明估计量 $\hat{L}$ 具有无偏性。

9.5.22 用间接平差证明参数及观测值平差值 $\hat{X}$、$\hat{L}$ 为无偏估计量。

9.5.23 用间接平差证明参数及观测值平差值 $\hat{X}$、$\hat{L}$ 的方差最小。

9.5.24 在直接平差中，单位权方差估值的公式为什么采用 $\hat{\sigma}_0^2 = \dfrac{V^T P V}{n-1}$，而不是 $\hat{\sigma}_0^2 = \dfrac{V^T P V}{n}$？

第十章 误差椭圆

10-1 点位中误差

10.1.01 什么是点位真位差？点位真位差与点位方差之间的关系是什么？

10.1.02 为什么要提出误差椭圆的概念，误差椭圆的作用是什么？

10.1.03 点位位差具有哪些性质？

10.1.04 试证明某平面控制点的点位方差是该点任意两垂直方向方差之和。

10.1.05 σ_x^2、σ_y^2、σ_u^2、σ_v^2 的含义分别是什么？

10.1.06 计算点位中误差的常用公式有哪些？

10-2 点位任意方向的位差

10.2.07 从已知点 A 确定点 P 的坐标(图 10-1)，观测了角度 L、边长 S，T 为已知方向，已知 AP 边的边长为 200m，测角和测边的中误差分别为 $\sigma_\beta = 2''$，$\sigma_S = 3$mm，试求待定点 P 的点位中误差。

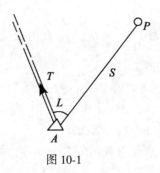

图 10-1

10.2.08 已知某平面控制网经平差后，得出待定点 P 的坐标平差值 $\hat{X} = [\hat{X}_P \quad \hat{Y}_P]^T$ 的协因数阵为：

$$Q_{\hat{X}} = \begin{bmatrix} 2 & 0 \\ 0 & 1 \end{bmatrix} (\mathrm{dm}^2/('')^2)$$

单位权中误差为 $\hat{\sigma}_0 = 0.5''$，试求该点的点位中误差。

10.2.09 已知某平面控制网经平差后，得出待定点 P 的坐标平差值 $\hat{X} = [\hat{X}_P \quad \hat{Y}_P]^T$ 的协因数阵为：

$$Q_{\hat{X}} = \begin{bmatrix} 2 & 0.5 \\ 0.5 & 3 \end{bmatrix} (\mathrm{dm}^2/('')^2),$$

单位权中误差为 $\hat{\sigma}_0 = 0.5''$，试求 $\varphi = 30°$ 方向上的位差。

10.2.10 在某测边网中，设待定点 P_1 的坐标为未知参数，即 $\hat{X} = [X_1 \quad Y_1]^T$，平差后得到 $\hat{X}$ 的协因数阵为 $Q_{\hat{X}\hat{X}} = \begin{bmatrix} 0.25 & 0.15 \\ 0.15 & 0.75 \end{bmatrix}$，且单位权方差 $\hat{\sigma}_0^2 = 3.0 \text{cm}^2$。

（1）计算 P_1 点纵、横坐标中误差和点位中误差；
（2）计算 P_1 点误差椭圆三要素 φ_E、E、F；
（3）计算 P_1 点在方位角为 $90°$ 方向上的位差。

10.2.11 在某测边网中，设待定点 P_1 的坐标为未知参数，即 $\hat{X} = [\hat{X}_1 \quad \hat{Y}_1]^T$，平差后得到 X 的协因数阵为 $Q_{\hat{X}\hat{X}} = \begin{bmatrix} 1.75 & -0.25 \\ -0.25 & 1.25 \end{bmatrix}$，且单位权中误差 $\hat{\sigma}_0 = \sqrt{2.0} \text{cm}$。

（1）计算 P_1 点误差椭圆三要素 φ_E、E、F；
（2）计算 P_1 点在方位角为 $45°$ 方向上的位差。

10.2.12 如图 10-2 所示，A，B 为已知点，$S = 200\text{m}$，测距中误差为 2mm，$\alpha_{AP} = 45°$，角度 $\angle BAP$ 的观测中误差为 $4''$（取 $\rho = 2 \times 10^5$）。试求：

（1）P 点误差曲线的极大值方向；
（2）误差椭圆的长半轴 E、短半轴 F；
（3）P 点的点位方差。

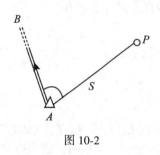

图 10-2

10.2.13 已知平差后待定点 P 坐标的协因数和互协因数为 $Q_{\hat{x}}$、$Q_{\hat{y}}$、$Q_{\hat{x}\hat{y}}$，则当 $Q_{\hat{x}\hat{y}} = 0$，且 $Q_{\hat{x}} > Q_{\hat{y}}$ 时，P 点位差的极大值方向为 _____，$\varphi_E =$ _____；位差的极小值方向为 _____，$\varphi_F =$ _____。

10.2.14 某点 P 的方差阵为 $\begin{bmatrix} 2 & 0 \\ 0 & 3 \end{bmatrix} \text{cm}^2$，则 P 的点位方差 $\sigma_P^2 =$ ____，误差曲线的最大值为 ____，误差椭圆的短半轴的方位角为 ____。

10.2.15 已知某点 P 的坐标平差值的协因数阵为：

$$Q_{\hat{P}} = \begin{bmatrix} 2.25 & 0 \\ 0 & 2.25 \end{bmatrix} (\text{cm}^2/('')^2),$$

单位权中误差为 $\hat{\sigma}_0 = 1''$，试求该点误差椭圆的 3 个参数，并说明该误差椭圆的形状特点。

10.2.16 已知某点 P 的坐标平差值的协因数阵为：

$$Q_{\hat{P}} = \begin{bmatrix} 2.75 & -0.25 \\ -0.25 & 2.75 \end{bmatrix} (\text{cm}^2/('')^2),$$

单位权中误差为 $\hat{\sigma}_0 = 1''$，试求该点误差椭圆的三个参数，并说明该误差椭圆的形状特点。

10.2.17 设某平面控制网中已知点 A 与待定点 P 连线的坐标方位角为 $T_{PA} = 75°$，边长 $S_{PA} = 648.12\text{m}$，经平差后算得 P 点误差椭圆参数为 $\varphi_E = 45°$，$E = 4\text{cm}$，$F = 2\text{cm}$，试求边长相对中误差 $\dfrac{\hat{\sigma}_{S_{PA}}}{S_{PA}}$。

10.2.18 已求得某控制网中 P 点误差椭圆参数 $\varphi_E = 157°30'$，$E = 1.57\text{dm}$ 和 $F = 1.02\text{dm}$，已知 PA 边坐标方位角 $\alpha_{PA} = 217°30'$，$S_{PA} = 5\text{km}$，A 为已知点，试求 PA 边坐标方

位角中误差 $\hat{\sigma}_{\alpha_{PA}}$ 和边长相对中误差 $\dfrac{\hat{\sigma}_{S_{PA}}}{S_{PA}}$。

10.2.19 角 ψ 和 σ_ψ 是怎样定义的？φ、ψ 及 φ_E 之间有什么关系？

10.2.20 某三角网中有一个待定点 P，并设其坐标为参数 $\hat{X} = [\hat{x}_P, \hat{y}_P]^T$，经平差求得 $\hat{\sigma}_0^2 = 1(\")^2$，$Q_{\hat{X}\hat{X}} = \begin{bmatrix} 2 & 0.5 \\ 0.5 & 2 \end{bmatrix}(\text{dm}^2/(\")^2)$。

(1) 计算 P 点误差椭圆参数 φ_E、E、F 及点位方差 σ_P^2；

(2) 计算 $\varphi = 30°$ 时的位差及相应的 ψ 值；

(3) 设 $\varphi = 30°$ 时的方向为 PC，且已知边长 $S_{PC} = 3.120 \text{km}$，试求 PC 边的边长相对中误差 $\hat{\sigma}_{S_{PC}}/S_{PC}$ 及方位角中误差。

10.2.21 设某未知点 P 为参数，经间接平差得到法方程为：$\begin{cases} 2\hat{x}_P + \hat{y}_P - 2.5(\text{cm}) = 0 \\ \hat{x}_P + 2\hat{y}_P + 1.4(\text{cm}) = 0 \end{cases}$

已知 $\hat{\sigma}_0^2 = 1(\"^2)$，$P$ 到已知点 A 的距离为 10km，方位角 $\alpha_{PA} = 100°$，求：

(1) P 点误差椭圆三元素；

(2) P 点的点位方差；

(3) PA 边的相对精度。

10.2.22 如图 10-3 所示，A、C 为已知点，已知方向 $\alpha_{AB} = 345°$。P 为待定点，$\alpha_{PC} \approx 135°$，$S_{PC} \approx 600\text{m}$。独立观测得 $\beta = 60°00'00'' \pm 2''$，边长 $S_{AP} = 400.000\text{m} \pm 2\text{mm}$，（取 $\rho = 2 \times 10^5$）。求：

(1) P 点的点位方差；(2) P 点的误差椭圆元素；(3) 边长 S_{PC} 的相对误差及 α_{PC} 的中误差。

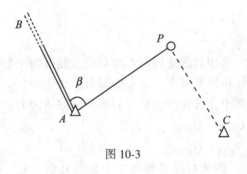

图 10-3

10-3 误差曲线

10.3.23 何谓误差曲线？试举例说明，在误差曲线图上可以求出哪些量的中误差？

10-4 误差椭圆

10.4.24 有了误差曲线为什么还要讨论误差椭圆？两者有什么关系？

10.4.25 如何在 P 点的误差椭圆图上，图解出 P 点在任意方向 ψ 上的位差 σ_ψ？

10.4.26 如何绘制误差椭圆？它的参数是什么？

10.4.27 以 E 轴为起算方向，计算任意方向 θ 上位差的实用公式为：
$$E_\theta^2 = E^2\cos^2\theta + F^2\sin^2\theta,$$
当 θ 从 $0°$ 变化到 $360°$ 时，E_θ 的轨迹就是分别以 E、F 为长、短半轴的椭圆，称为误差椭圆，这种说法对吗？为什么？

10.4.28 设待定点 P 的点位误差椭圆如图 10-4 所示，试述根据此误差椭圆，能否得到平差后 PA 边方位角 α_{PA} 的中误差 $\hat{\sigma}_{\alpha_{PA}}$？如能，如何得到？

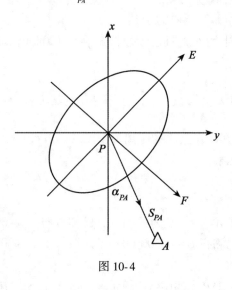

图 10-4

10-5 相对误差椭圆

10.5.29 为什么要讨论相对误差椭圆？相对误差椭圆的三个参数如何计算？

10.5.30 在选择最优布网方案中，误差椭圆有什么作用？

10.5.31 在某三角网中，已知两未知点间的坐标差的协因数阵为：
$$\begin{bmatrix} Q_{\Delta\hat{x}\Delta\hat{x}} & Q_{\Delta\hat{x}\Delta\hat{y}} \\ Q_{\Delta\hat{y}\Delta\hat{x}} & Q_{\Delta\hat{y}\Delta\hat{y}} \end{bmatrix} = \begin{bmatrix} 2.5 & 0 \\ 0 & 1.4 \end{bmatrix} (\text{cm}^2/('')^2)。$$
已知单位权中误差 $\hat{\sigma}_0 = 2''$，则相对误差椭圆 3 个参数分别为 $\varphi_{E_{12}} = $ _____，$E_{12} = $ _____，$F_{12} = $ _____。

10.5.32 已知某平面控制网中两待定点 P_1 与 P_2 间的边长 $S_{P_1P_2} = 5\text{km}$，已算得两点间横向位差 $\hat{\sigma}_{u_{P_1P_2}} = 0.645\text{dm}$，试求 P_1P_2 方向的坐标方位角中误差 $\hat{\sigma}_{T_{P_1P_2}}$。

10.5.33 如图 10-5 所示，已知待定点 P_1 和 P_2 之间的距离 $S_{12} = 1\,031.325\text{m}$，图中 $OD = 1.8\text{cm}$，试求方位角 $\alpha_{P_1P_2}$ 的中误差 $\hat{\sigma}_{\alpha_{P_1P_2}}$。

10.5.34 某平面控制网经平差后求得 P_1、P_2 两待定点间坐标差的协因数阵为：
$$\begin{bmatrix} Q_{\Delta\hat{x}\Delta\hat{x}} & Q_{\Delta\hat{x}\Delta\hat{y}} \\ Q_{\Delta\hat{y}\Delta\hat{x}} & Q_{\Delta\hat{y}\Delta\hat{y}} \end{bmatrix} = \begin{bmatrix} 3 & -2 \\ -2 & 3 \end{bmatrix} (\text{cm}^2/('')^2),$$
单位权中误差为 $\hat{\sigma}_0 = 1''$，试求两点间相对误差椭圆三个参数。

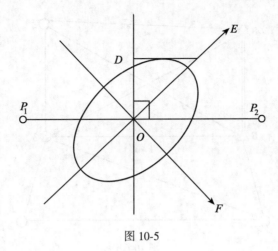

图 10-5

10.5.35 已知某测角网平差后两待定点坐标差的协因数阵为：

$$\begin{bmatrix} Q_{\Delta\hat{x}\Delta\hat{x}} & Q_{\Delta\hat{x}\Delta\hat{y}} \\ Q_{\Delta\hat{y}\Delta\hat{x}} & Q_{\Delta\hat{y}\Delta\hat{y}} \end{bmatrix} = \begin{bmatrix} 0.380 & 0.025 \\ 0.025 & 0.510 \end{bmatrix} (\text{dm}^2/('')^2),$$

已求得 $\hat{\sigma}_0^2 = 2('')^2$。

(1) 试求两点间的相对误差椭圆参数 $\varphi_{E_{12}}$、E_{12}、F_{12}；

(2) 若已知 $S_{12} = 7.78\text{km}$，$T_{12} = 112°30'$，试求两点间边长相对中误差。

10.5.36 在某三角网中，已知 C、D 两点间的坐标差的协因数阵为：

$$\begin{bmatrix} Q_{\Delta\hat{x}\Delta\hat{x}} & Q_{\Delta\hat{x}\Delta\hat{y}} \\ Q_{\Delta\hat{y}\Delta\hat{x}} & Q_{\Delta\hat{y}\Delta\hat{y}} \end{bmatrix} = \begin{bmatrix} 1.200 & 0.433 \\ 0.433 & 0.700 \end{bmatrix} (\text{dm}^2/('')^2),$$

单位权中误差 $\hat{\sigma}_0 = 1''$。

(1) 试求 C、D 两点间的相对误差椭圆参数 $\varphi_{E_{12}}$、E_{12}、F_{12}；

(2) 若已知 C、D 方向的坐标方位角为 $T_{CD} = 60°$，$S_{CD} = 3.32\text{km}$，求 CD 边的边长相对中误差和方位角中误差。

10.5.37 某桥梁控制网如图 10-6 所示，A、B 为已知点（无误差），$\alpha_{B3} = 90°$，平差后得 3 号点误差椭圆的三个参数分别为：$\varphi_E = 30°$，$E = 2\sqrt{7}\text{mm}$，$F = 2\sqrt{3}\text{mm}$，$B3$ 边边长为 $\hat{S}_{B3} = 1\,201.640\text{m}$，设计要求 $B3$ 边边长相对中误差不低于 $\dfrac{1}{300\,000}$，问平差后 $\hat{S}_{B3}$ 的精度能否满足要求？

10.5.38 今有测边网如图 10-7 所示，A、B、C 及 D 点是已知点，P_1 及 P_2 是待定点，以同精度观测了 9 条边长，设 P_1、P_2 点坐标为未知数 $[x_1 \quad y_1 \quad x_2 \quad y_2]$，经间接平差算得参数的协因数阵为：

$$Q = \begin{bmatrix} 0.344\,9 & -0.000\,9 & 0.059\,7 & -0.080\,7 \\ & 0.573\,9 & -0.079\,8 & 0.107\,4 \\ \text{对} & & 0.345\,9 & 0.022\,1 \\ & \text{称} & & 0.580\,4 \end{bmatrix},$$

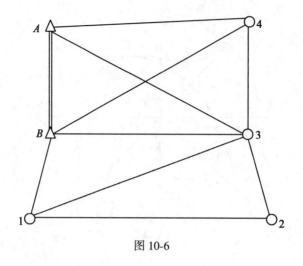

图 10-6

并算得单位权中误差 $\hat{\sigma}_0 = 0.53\text{dm}$。

(1) 试计算 P_1 点的误差椭圆三参数；
(2) 试计算 P_2 点的误差椭圆三参数；
(3) 试计算 P_1 与 P_2 点间相对误差椭圆三参数。

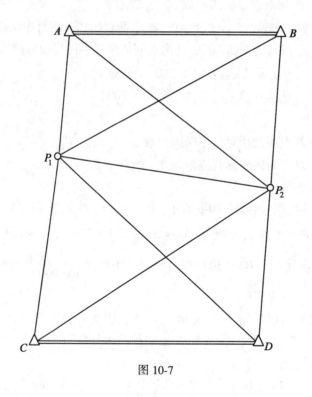

图 10-7

10.5.39 在某三角网中，P_1、P_2 两点坐标平差值的协因数阵为：

$$Q_{\hat{x}} = \begin{bmatrix} 1.6 & 0.2 & 1.0 & -0.5 \\ & 2.4 & 0.6 & 0.8 \\ 对 & & 2.1 & -0.3 \\ & 称 & & 2.7 \end{bmatrix},$$

单位权中误差 $\hat{\sigma}_0 = \sqrt{2}$ mm。

(1) 试求 P_1、P_2 两点间相对误差椭圆三参数;

(2) 已知平差后 P_1P_2 边的方位角为 $60°$,试计算 P_1P_2 边的纵向误差和横向误差。

10.5.40 在某测边网中,A、B 是已知点,C、D 是待定点,经间接平差求得 C、D 点坐标的协因数阵为:

$$Q_{\hat{x}} = \begin{bmatrix} 0.350 & 0.015 & -0.005 & 0 \\ & 0.250 & 0 & 0.020 \\ 对 & & 0.200 & 0.010 \\ & 称 & & 0.300 \end{bmatrix},$$

单位权中误差 $\hat{\sigma}_0 = 2$ cm。

(1) 试求 C、D 点相对误差椭圆三参数;

(2) 已知方位角 $T_{CD} = 142.5°$,试求 C、D 两点的边长中误差 $\hat{\sigma}_{S_{CD}}$。

10-6 点位落入误差椭圆内的概率

10.6.41 研究点位落入误差椭圆内的概率有何实际意义?

10-7 综合练习题

10.7.42 已知某平面网中有一待定点 P,以其坐标为未知数,经间接平差得法方程为:

$$\begin{cases} 1.287\delta x + 0.411\delta y + 0.534 = 0, \\ 0.411\delta x + 1.762\delta y - 0.394 = 0, \end{cases}$$

单位权中误差 $\hat{\sigma}_0 = 1.0''$,δx、δy 以 dm 为单位,试求:

(1) 位差的极大值方向 φ_E 和极小值方向 φ_F;

(2) 位差的极大值 E 和极小值 F;

(3) 坐标中误差 σ_x、σ_y 及点位中误差 σ_P;

(4) $\varphi = 60°$ 的位差 σ_φ 值。

10.7.43 已知某三角网中 P 点坐标的协因数阵为:

$$Q_{\hat{x}} = \begin{bmatrix} 2.10 & -0.25 \\ -0.25 & 1.60 \end{bmatrix} (\text{cm}^2/('')^2),$$

单位权方差估值为 $\hat{\sigma}_0^2 = 1.0('')^2$,试求:

(1) 位差的极值方向 φ_E 和 φ_F;

(2) 位差的极大值 E 和极小值 F;

(3) P 点的点位方差;

(4) $\psi = 30°$ 方向上的位差;

(5)若待定点 P 到已知点 A 的距离为 9.55km，坐标方位角为 217.5°，则 AP 边的边长相对中误差为多少？

10.7.44 在某测边网中，设待定点 P_1、P_2 的坐标为未知参数，即 $\hat{X} = [\hat{x}_1 \quad \hat{y}_1 \quad \hat{x}_2 \quad \hat{y}_2]^T$，采用间接平差法，算得 $\hat{X}$ 的协因数阵为：

$$Q_{\hat{X}} = \begin{bmatrix} 0.2677 & 0.1267 & -0.0561 & -0.0806 \\ & 0.7569 & -0.0684 & 0.1626 \\ & 对称 & 0.4914 & 0.2106 \\ & & & 0.8624 \end{bmatrix},$$

并且单位权方差的估值为 $\hat{\sigma}_0^2 = 4.5 \text{cm}^2$。

(1)计算 P_1 点误差椭圆三参数；
(2)计算 P_2 点误差椭圆三参数；
(3)计算 P_1、P_2 两点间相对误差椭圆三参数；
(4)已知平差后 P_1P_2 边的方位角为 $\hat{\alpha}_{12} = 90°$，边长 $\hat{S}_{12} = 2.4\text{km}$，试求 P_1、P_2 两点间的边长相对中误差和坐标方位角中误差。

10.7.45 由 A、B、C 三点确定 P 点坐标 $\hat{X} = [\hat{X}_P \quad \hat{Y}_P]^T$（图10-8），同精度观测了6个角度，观测精度为 σ_β，平差后得到 $\hat{X}$ 的协因数阵

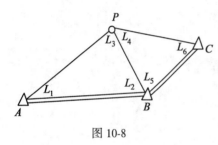

图 10-8

为 $Q_{\hat{X}\hat{X}} = \begin{bmatrix} 1.5 & 0 \\ 0 & 2.0 \end{bmatrix}$ ($\text{cm}^2/('')^2$)，且单位权中误差 $\hat{\sigma}_0 = 1.0\text{cm}$。已知 BP 边边长约为300m，AP 边边长约为220m，方位角 $\alpha_{AB} = 90°$，平差后角度 $L_1 = 30°00'00''$，试求测角中误差 σ_β。

10.7.46 已知某测角网平差后两待定点 P_1、P_2 间的距离和方位角分别为 $S_{12} = 2.5\text{km}$、$\alpha_{12} = 90°$，坐标差的协因数阵为：

$$\begin{bmatrix} Q_{\Delta X \Delta X} & Q_{\Delta X \Delta Y} \\ Q_{\Delta Y \Delta X} & Q_{\Delta Y \Delta Y} \end{bmatrix} = \begin{bmatrix} 2 & -1 \\ -1 & 2 \end{bmatrix} (\text{cm}^2/('')^2)$$

如果已知两点间边长相对中误差为 1/20 000，试求：
(1)单位权方差；
(2)相对误差椭圆参数 $\varphi_{E_{12}}$、E_{12}、F_{12}。

10.7.47 设 P 为待定点，A 为已知点，$\alpha_{PA} = 75°$，$S_{PA} = 200\text{m}$，P 点坐标的方差阵为 $\begin{bmatrix} 3 & 1 \\ 1 & 3 \end{bmatrix}$ (mm^2)，求 P 点位差的极大值 E、极小值 F、极大值方向 φ_E 以及边长 S_{PA} 的中误差 $\sigma_{S_{PA}}$ 和方位角 α_{PA} 的中误差 $\sigma_{\alpha_{PA}}$。

第十一章 平差系统的统计假设检验

11-1 统计假设检验概述

11.1.01 为何在测量数据处理中要研究统计假设检验？统计假设检验的基本思想是什么？

11.1.02 在母体 $N \sim (48, 7.1^2)$ 中随机抽取一容量为 49 的子样，求子样均值 $\bar{x}$ 落在 46.7~50.3 之间的概率。

11.1.03 已知 X 服从 $N \sim (7, 4^2)$ 分布，试求 $P(2 \leq x \leq 7)$。

11.1.04 已知 X 服从 $N \sim (7, 3^2)$ 分布，试求出一个 c 值，使得 $P(|X-\mu| \leq c-\mu) = 0.812$。

11.1.05 设 $\sigma = 2$，$d = 1$，$n = 25$，当弃真概率分别为 0.1、0.05 和 0.01 时，试分别求纳伪概率 β。

11-2 统计假设检验的基本方法

11.2.06 对某地区的三角网中 421 个三角形闭合差进行统计，得闭合差的平均值 $\bar{x} = 0.06''$，闭合差的中误差为 $0.62''$，若取 0.01 的显著水平，问该地区的测量中是否存在系统误差？

11.2.07 设有甲、乙两人观测某地纬度各 8 次，算得平均值各为 $24°11'12.33''$ 和 $24°11'12.38''$，根据以往两人进行类似观测的大量资料，得知他们观测纬度的中误差均为 $0.63''$，问两人所得结果的差异是否显著（$\alpha = 0.05$）？

11.2.08 在一条基线场上检验激光测距仪，已知基线长 $L_0 = 1\,524.444\text{m}$（无误差），用激光测距仪量距 9 个测回，平均值为 $L = 1\,524.448\text{m}$，一测回中误差为 0.006m，问 L 与 L_0 之间是否存在显著差异（$\alpha = 0.05$）？

11.2.09 为了研究外界条件变化对测角的影响，在两个不同时间段内测角，一个是在日间测角 12 测回，得角度平均值为 $80°12'22.7''$，测角中误差为 $0.81''$；另一个是在夜间测角 9 测回，得角度平均值为 $80°12'23.8''$，测角中误差为 $0.84''$，问日、夜间的观测结果是否存在显著差异（$\alpha = 0.05$）？

11.2.10 用某种型号的仪器测角，由多年大量测角资料分析，知其测角中误差为 $1.5''$，今用试制的同类型仪器测角 9 测回，得一测回中误差为 $2''$，问新仪器的测角精度与原仪器相比是否存在显著差异（$\alpha = 0.05$）？

11.2.11 用两台同类型的经纬仪测角，第一台观测了 9 个测回，得一测回中误差为

1.5″；第二台也观测了9个测回，得一测回中误差为2.2″，问该两台仪器的测角精度是否存在显著差异（$\alpha=0.10$）？

11.2.12 用设有测微器的精密水准仪在水准尺上读得15个读数（单位：mm）如下（假定它们是同一正态母体中的随机样本）：

1 412.80　1 412.85　1 412.87　1 413.09　1 412.50　1 412.80　1 412.86　1 412.84
1 412.66　1 412.80　1 412.84　1 412.84　1 412.78　1 413.02　1 412.72

试以5%的显著水平进行下列检验：

(1) 原假设 H_0：$\mu=1\ 413.00$mm，备选假设 H_1：$\mu\neq 1\ 413.00$mm；

(2) 原假设 H_0：$\mu=1\ 412.75$mm，备选假设 H_1：$\mu\neq 1\ 412.75$mm。

11.2.13 用相同精度独立地观测某角10次，观测值为：

90°00′05″　90°00′10″　90°00′00″　90°00′07″　89°59′58″
89°59′54″　90°00′06″　90°00′03″　89°59′57″　90°00′10″

试在显著水平 $\alpha=0.05$ 下检验观测值均值等于90°00′00″这一假设，备选假设为该均值不等于90°00′00″。

11.2.14 用相同精度独立地观测某角10次，算得子样均值为 $\bar{x}=60°00′00″$，子样标准差为 $\hat{\sigma}_0=3.7″$，试在显著水平 $\alpha=0.05$ 下检验如下假设：

H_0：$\sigma=2.0″$，　　　　　H_1：$\sigma\neq 2.0″$。

11.2.15 用两台测距仪测定某一距离的测回数和子样方差分别为 $n_1=6$，$\hat{\sigma}_1^2=0.12$dm^2；$n_2=10$，$\hat{\sigma}_2^2=0.08$dm^2，试在 $\alpha=0.05$ 下检验两个母体方差是否相等。

11.2.16 设甲、乙两人对某一物体的长度进行观测，甲观测了16次，其观测值的平均值为16.909 5m，乙观测了20次，其观测值的平均值为16.908 9m，另根据以往大量资料分析，知两人观测精度相同，$\hat{\sigma}_1=\hat{\sigma}_2=1.5$mm，问两人所得结果的差异是否显著？

11-3 误差分布的假设检验

11.3.17 对某三角形闭合差观测了30次，得到其闭合差 Δ_i（单位：秒）依次为：

−0.8　−3.0　+0.7　+1.2　−1.1　+1.5　+1.2　−1.4　−0.5　−1.3
+2.4　−1.5　+1.6　−1.7　+1.0　−1.2　−1.3　−1.6　−2.5　−2.0
+1.3　+2.0　−2.5　+1.9　+1.2　+1.1　−0.6　−1.8　+0.8　−1.2

试检验以上观测误差是否符合偶然误差特性。

11.3.18 为检定20m钢尺长度，用钢尺在检定基线上做20次测量，基线真长为507.410m，检定结果为（以m为单位）：

507.35　507.38　507.35　507.44　507.31　507.40　507.47
507.47　507.43　507.37　507.39　507.39　507.40　507.37
507.48　507.41　507.40　507.33　507.36　507.32

试检验这20次的测定误差是否符合偶然误差特性。

11.3.19 由电子计算机产生200条伪随机数，分为12组，各组频数见下表：

区　　间		频　　数
$-\infty$	-1.306	4
-1.306	-1.046	11
-1.046	-0.786	16
-0.786	-0.527	25
-0.527	-0.267	19
-0.267	-0.007	20
-0.007	0.253	22
0.253	0.513	29
0.513	0.773	21
0.773	1.032	16
1.032	1.812	13
1.812	$+\infty$	4

试用 χ^2 检验法，在 $\alpha=0.05$ 下检验其是否服从正态分布(已算出 $\hat{\mu}=\bar{x}=0.0182$，$\hat{\sigma}=0.7664$)。

11-4　平差模型正确性的统计检验

11.4.20　对某测边网进行处理，得单位权方差估值为：
$$\hat{\sigma}_0^2=\frac{V^TPV}{r}=\frac{0.00165}{3}=0.00055\ (\text{dm}^2)$$
自由度 $r=n-t=3$，已知测边验前中误差为 $\sigma_0=0.0447$ dm，试问平差模型是否正确？(取 $\alpha=0.05$)

11-5　平差参数的统计检验和区间估计

11.5.21　在室内实习场中设置一个角度，经精密测定，其角值为 $\mu_0=36°25'1.23''$，一学生在进行测角实习时，用经纬仪测角 5 个测回，其结果为：
　　　　36°25'1.21″　36°25'1.23″　36°25'1.27″　36°25'1.24″　36°25'1.28″
设测定值服从正态分布，试检验该学生测得的平均角度值 $\bar{x}$ 是否与已知值存在显著差异？(取 $\alpha=0.05$)

11.5.22　随机地从一批产品中抽取 16 个，测得其长度(以 cm 为单位)为：
2.10　2.13　2.12　2.13　2.15　2.13　2.10　2.14
2.15　2.12　2.14　2.10　2.13　2.11　2.14　2.11
设产品长度的分布是正态的，试求母体均值 μ 90%的置信区间：
　　(1)若已知 $\sigma=0.01$ cm；
　　(2)若 σ 为未知。

11.5.23 设由正态母体抽取容量 $n=16$ 的子样,得子样均值 $\bar{x}=2.705$,子样标准差 $\sigma=0.029$,试求其 95%的置信区间。

11.5.24 为了监测某大坝的水平形变,埋设了两个固定标志,分别在两年内以同样的方法对两标志间的长度进行测定。第一年重复测定 16 次,得平均长度 $\bar{x}=750.360\text{m}$,子样标准差为 $\sigma_1=12\text{mm}$;第二年重复测定 22 次,得平均长度 $\bar{y}=750.396\text{m}$,子样标准差为 $\sigma_2=10\text{mm}$。设母体服从正态分布,试求长度形变量 95%的置信区间。

11.5.25 对某角观测了 6 个测回,算得子样方差为 $\hat{\sigma}_0^2=3.5(")^2$,已知母体服从正态分布,试求母体方差 99%的置信区间。

11-6 粗差检验的数据探测法

11.6.26 试简述巴尔达粗差探测法的理论依据。

11.6.27 试简述巴尔达数据探测法的基本步骤。

11-7 综合练习题

11.7.28 设有两条三角锁,经各自独立平差后的单位权方差估值分别为:

$$\hat{\sigma}_{0(1)}^2=\frac{V^{\mathrm{T}}PV}{r_1}=\frac{4.3928}{31}=0.1417,$$

$$\hat{\sigma}_{0(2)}^2=\frac{V^{\mathrm{T}}PV}{r_2}=\frac{8.7152}{49}=0.1779,$$

试检验原假设 $H_0:E(\hat{\sigma}_{0(1)}^2)=E(\hat{\sigma}_{0(2)}^2)$ 是否成立。(取 $\alpha=0.05$)

11.7.29 在相同条件下,甲乙两人分别观测同一角度。甲观测了 16 个测回,子样方差为 $\hat{\sigma}_1^2=2.5(")^2$;乙观测了 12 个测回,子样方差为 $\hat{\sigma}_2^2=3.2(")^2$。试求甲乙两人方差比 $\dfrac{\hat{\sigma}_1^2}{\hat{\sigma}_2^2}$ 99%的置信区间。

参 考 答 案

第一章

1.1.01
在一定的观测条件下，所得到的观测结果不可能完美无缺，即其数值不可能完全等于被条件观测值真值，两者之差就是误差。

1.1.02
观测条件由观测者、观测仪器和观测时的外界等因素构成，观测条件好，观测结果的质量就好。

1.1.03
观测误差按性质可分为三种，即粗差、系统误差和偶然误差。粗差是一种大级别的误差，系统误差符号和大小均保持一致，偶然误差的大小和符号均呈现出随机性；

误差的处理办法：粗差可采用检核发现，舍弃不用，或采用抗差估计等数据处理方法定位和消除；系统误差可在观测方法和观测程序上采取措施，减弱或消除其影响，或在平差前对数据进行预处理，进行改正，还可采用附加系统参数、半参数估计等方法在数据处理中减弱和消除；偶然误差通过平差消除同时求得观测值和参数的最佳估值。

1.1.04
（1）系统误差。当尺长大于标准尺长时，观测值小，符号为"+"；当尺长小于标准尺长时，观测值大，符号为"-"。
（2）系统误差，符号为"-"。
（3）偶然误差，符号为"+"或"-"。
（4）系统误差，符号为"-"。
（5）系统误差，符号为"-"。

1.1.05
（1）系统误差。当 i 角为正值时，符号为"-"；当 i 角为负值时，符号为"+"。
（2）系统误差，符号为"+"。
（3）偶然误差，符号为"+"或"-"。
（4）系统误差，符号为"-"。

1.2.06
用最少的观测量确定一个模型，这样的观测量称为必要观测，如果仅有必要观测，则观测值中含有误差或错误将无法发现，因此要进行多余观测，大于必要观测的观测量称为多余观测。

1.2.07

基本任务有两个，一个是通过平差求待定量的最佳估值，一个是评估观测成果的质量。

1.3.08

1794年高斯首先提出最小二乘法，解决了在多余观测的情况下从这些带有误差的观测结果中求待求量的估值问题。

1.3.09

主要有从研究仅含偶然误差的观测值到还含有粗差和系统误差的处理方法；从仅研究非随机参数扩展到研究随机参数的处理方法；从满秩平差发展到秩亏平差的处理方法；从研究函数模型到研究随机模型的处理方法；从研究最小二乘到研究整体最小二乘的处理方法。

1.4.10

本课程讲述的主要内容有：偶然误差理论；建立测量平差的函数模型和随机模型；测量平差的基本原理和应用。其目的是掌握测量平差的原理和方法，并能解决测绘工程中的问题。

第 二 章

2.1.01

$$E(y) = E(2x+1) = \int_{-\infty}^{\infty}(2x+1)f(x)\mathrm{d}x = 2\int_{-\infty}^{\infty}xf(x)\mathrm{d}x + \int_{-\infty}^{\infty}f(x)\mathrm{d}x = 3$$

$$E(z) = E(\mathrm{e}^{-3x}) = \int_{-\infty}^{\infty}\mathrm{e}^{-3x}f(x)\mathrm{d}x = \int_{0}^{\infty}\mathrm{e}^{-4x}\mathrm{d}x = \frac{1}{4}$$

2.1.02

$$E(X) = \int_{-\infty}^{\infty}\int_{-\infty}^{\infty}xf(x,y)\mathrm{d}x\mathrm{d}y = \int_{0}^{1}x\mathrm{d}x\int_{0}^{x}15xy^{2}\mathrm{d}y = \frac{5}{6}$$

$$E(Y) = \int_{-\infty}^{\infty}\int_{-\infty}^{\infty}yf(x,y)\mathrm{d}x\mathrm{d}y = \int_{0}^{1}\mathrm{d}x\int_{0}^{x}15xy^{3}\mathrm{d}y = \frac{5}{8}$$

$$E(X+Y) = \int_{-\infty}^{\infty}\int_{-\infty}^{\infty}(x+y)f(x,y)\mathrm{d}x\mathrm{d}y = 15\int_{0}^{1}\mathrm{d}x\int_{0}^{x}(x+y)xy^{2}\mathrm{d}y = \frac{35}{24}$$

$$E(XY) = \int_{-\infty}^{\infty}\int_{-\infty}^{\infty}xyf(x,y)\mathrm{d}x\mathrm{d}y = \int_{0}^{1}\mathrm{d}x\int_{0}^{x}15x^{2}y^{3}\mathrm{d}y = \frac{15}{28}$$

2.1.03

$E[(X-C)^{2}] = D(X) + (E(X)-C)^{2} \geqslant D(X)$，当 $C = E(X)$ 时，$D(X)$ 有极小值。

2.1.04

$S = \frac{\sqrt{3}}{4}X^{2}$，$E(S) = \frac{\sqrt{3}}{8}\int_{0}^{2}x^{2}\mathrm{d}x = \frac{\sqrt{3}}{3}$；$E(S^{2}) = \frac{3}{32}\int_{0}^{2}x^{4}\mathrm{d}x = \frac{3}{5}$，$D(S) = E(S^{2}) - (E(S))^{2} = \frac{3}{5} - \frac{1}{3} = \frac{4}{15}$

2.1.05

$W = a^{2}X^{2} + 6aXY + 9Y^{2}$，所以

$E(W) = a^{2}E(X^{2}) + 6aE(XY) + 9E(Y^{2})$

$$= a^2 D(X) + 6a\text{cov}(X, Y) + 9D(Y)$$
$$= 4a^2 - 24a + 9 \times 16$$
$$= 4[a^2 - 6a + 36]$$
$$= 4[(a-3)^2 + 27]$$

所以，当 $a=3$ 时，$E(W)=108$ 为最小值。

2.2.06

$$P\{50.8 < \overline{X} < 53.8\} = P\left\{\frac{50.8-52}{1.05} < \frac{\overline{X}-52}{1.05} < \frac{53.8-52}{1.05}\right\} = \Phi(1.14) - \Phi(-1.71) = 0.8293$$

2.2.07

$$E(Y) = 5E(X^2) = 5D(X) = 45$$

2.2.08

由 $X \sim N(160, \sigma^2)$，知 $Y = \frac{X-160}{\sigma} \sim N(0,1)$，而由 $P\{120 < X \leq 200\} = P\{-40/\sigma < Y \leq 40/\sigma\} \geq 0.80$，得 $\sigma < \frac{40}{1.28} = 31.25$。

2.2.09

由二维正态分布联合分布密度函数知：

$$f(x,y) = \frac{1}{6\pi}\exp\left\{-\frac{2}{3}\left[\frac{x^2}{3} + \frac{xy}{2\sqrt{3}} + \frac{y^2}{4}\right]\right\}$$

2.3.10

观测值的真误差等于其真值减去其观测值；三角形闭合差是三角形内角观测值之和的真误差。

2.3.11

在相同观测条件下，大量偶然误差呈现一定规律，称为统计规律，表现为四个统计特性。

2.3.12

偶然误差服从正态分布，其期望 $\mu = \lim\limits_{n\to\infty}\frac{\Delta}{n}$，方差 $\sigma = \lim\limits_{n\to\infty}\frac{\sum\limits_{i=1}^{n}\Delta_i^2}{n}$。

2.3.13

这些数据的最大值为 2.4，5.8，取区间 [2.3 5.9]，将区间分为 6 等份，小区间 $\Delta = 0.5$

组限	频数 f_i	频率 f_i/n	累积频率
2.3—2.8	2	0.0333	0.0333
2.8—3.8	6	0.1000	0.1333
3.3—3.8	14	0.2333	0.3666
3.8—4.3	18	0.3000	0.6666
4.3—4.8	12	0.2000	0.8666
4.8—5.3	7	0.1167	0.9833
5.3—5.8	1	0.167	1

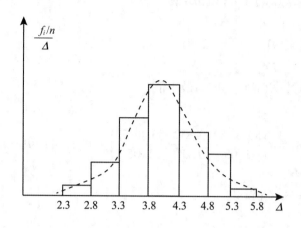

2.4.14
精度是相同的,尽管真误差不一样。

2.4.15
不能。中误差相同表示观测值是在同一观测条件下得到的,真误差各有不同,但精度一样。

2.4.16
$\hat{\sigma} = 3.62''$

2.4.17
可能不一样,因为 $\sigma^2_甲 = \dfrac{[\Delta_i\Delta_i]}{80}$,$\sigma^2_乙 = \dfrac{[\Delta_i\Delta_i]}{60}$,还需进行方差的假设检验。

2.4.18
真误差可能出现的范围是 $|\Delta|<45\text{mm}$,或写为 $-45\text{mm}<\Delta<45\text{mm}$,1/23 045。

2.4.19
它们的真误差不一定相等,相对精度不相等,后者高于前者。

2.5.20
两个随机变量 X、Y,若它们相互独立,则一定不相关;反之 X、Y 不相关却不一定独立。不相关只是就线性关系而言,相互独立是就一般关系来说的。当 X、Y 均为正态随机变量时,互不相关和相互独立等价。

2.5.21
随机向量 $\underset{t1}{X}$ 的协方差阵定义为 $D(X)=E\{[X-E(X)][X-E(X)]^\text{T}\}$,矩阵为 t 阶对称方阵,主对角线上的元素为各随机变量的方差,非对角线上的元素为两两随机变量之间的协方差,当各个变量之间相互独立,协方差阵为对角阵。

2.5.22
$E(L)=100.020$,$\varepsilon=\tilde{L}-E(L)=-0.010\text{m}$
$\sigma^2=21\text{mm}^2$,$\text{MSE}(L)=121\text{mm}^2$

2.5.23
观测值的精度是指观测值在其数学期望附近分布的密集程度,通常用中误差(或方差、标准差)表示。观测值的精确度是指观测值在其真值附近分布的密集程度，通常用均方误差表示。当观测值不含系统误差时，二者相同。

2.6.24

测量数据的不确定性，是指一种广义的误差，不仅包含偶然误差、系统误差这些数值上可度量的误差，还包含概念上的不可度量的误差。数据误差的随机性和数据概念上的不完整性及模糊性，都可看成不确定问题。

2.6.25

测量不确定度是度量不确定性的一种指标，其基本尺度仍是中误差 σ，称为标准不确定度。若知误差分布，不确定度 U 给出的是误差 $\Delta_X = \tilde{X} - X$ 的一个上下界 $U_1 \leq \Delta_X \leq U_2$；若不知，在给定置信概率 p 下，$P(U_1 \leq \Delta_X \leq U_2) = p$，对不确定度进行估计。

当已知服从正态分布，测量结果的置信区间是95.5%，则有概率式 $P(|\Delta_X| \leq 2\sigma) = 95.5\%$，即 $U = 2\sigma$。因此，测量不确定度可用标准差的倍数或说明置信水平的区间的半宽度表示。

2.7.26

$$E(Y) = 2E(X_1) - 3E(X_2) - \frac{1}{2}E(X_4) + E(X_5) = -2,$$

$$D(Y) = 4D(X_1) + 9D(X_2) + \frac{1}{4}D(X_4) + D(X_5) = 69$$

2.7.27

$$E(x) = \frac{1}{n}(E(x_1) + \cdots + E(x_n)) = \mu, \quad \sigma_x^2 = \frac{1}{n}\sigma^2$$

2.7.28

(1) $S = XY$，$E(S) = E(X)E(Y) = 50 \text{m}^2$，

$dS = YdX + XdY$，$D(S) = 25 \times 0.0001 + 100 \times 0.0001 = 0.0125 \text{m}^2$

$C = 2X + 2Y$，$E(C) = 30 \text{m}^2$，$D(C) = 0.0008 \text{m}^2$

(2) $D_{SC} = E(SC) - E(S)E(C)$，$SC = XY(2X + 2Y) = 2X^2Y + 2XY^2$，

$E(X^2) = D(X) + (E(X))^2 = 0.0001 + 100 = 100.0001$，

$E(Y^2) = D(Y) + (E(Y))^2 = 0.0001 + 25 = 25.0001$

$E(SC) = 2E(X^2)E(Y) + 2E(X)E(Y^2) = 1500.003$，

$D_{SC} = E(SC) - E(S)E(C) = 0.003 \text{m}^2$，

所以，$\rho = \dfrac{D_{SC}}{\sqrt{D_S}\sqrt{D_C}} = 0.947$

2.7.29

$\hat{\theta}_1 = 2.4$，$\hat{\theta}_2 = 2.4$，$\hat{\sigma}_1 = 2.7$，$\hat{\sigma}_2 = 3.6$。

两组观测值的平均误差相同，而中误差不同。由于中误差对大的误差反应灵敏，故通常采用中误差作为衡量精度的指标。本题中，$\hat{\sigma}_1 < \hat{\sigma}_2$，因此，第一组观测值的精度高。

2.7.30

$$\underset{22}{D_{XX}} = \begin{pmatrix} 4 & -2 \\ -2 & 9 \end{pmatrix} (\text{秒}^2)$$

2.7.31

$\sigma_{L_1} = 2$，$\sigma_{L_2} = 3$，$\sigma_{L_3} = 4$，$\sigma_{L_1 L_2} = -2$，$\sigma_{L_1 L_3} = 0$，$\sigma_{L_2 L_3} = -3$

第 三 章

3.1.01

当已知随机变量的方差和协方差,如何求得随机变量函数的方差和协方差,这是协方差传播律要解决的问题。

3.1.02

协方差传播律和误差传播律是有区别的,当随机变量是相互独立时,其协方差为零,这时用协方差传播律和误差传播律得到的方差结果相同;如果随机变量是相关的,必须用协方差传播律来求得随机变量函数的方差和协方差。

3.1.03

当观测值函数是非线性时,必须将非线性函数线性化,然后用协方差传播律求得函数的方差。线性函数的系数阵是已知的,非线性函数的系数阵要通过全微分获得。

3.1.04

(1) $\sigma_x^2 = 3+4\times2 = 11$, $\sigma_y^2 = 9\times2 = 18$

(2) $\sigma_{xy} = -2\times2\times3 = -12$

3.1.05

(1) $\sigma_x^2 = 13$, $\sigma_y^2 = 18$

(2) $\sigma_{xy} = -13.5$

3.1.06

(1) $D_w = 2$ (2) $\hat{L} = \begin{bmatrix} \hat{L}_1 \\ \hat{L}_2 \end{bmatrix} = \frac{1}{2}\begin{bmatrix} 1 & -1 \\ -1 & 1 \end{bmatrix}\begin{bmatrix} L_1 \\ L_2 \end{bmatrix} + \begin{bmatrix} 75^0 \\ 75^0 \end{bmatrix}$, $D_{\hat{L}w} = 0$,

所以,w 与 $\hat{L}$ 互不相关。

3.1.07

(1) $\sigma_x = \sqrt{\dfrac{3}{2}}\sigma$ (2) $\sigma_x = \dfrac{\sqrt{L_1^2 L_2^2 + L_1^2 L_3^2 + L_2^2 L_3^2}}{L_3^2}\sigma$

3.1.08

$\sigma_x = 2\sigma$, $\sigma_y = \sqrt{5}\sigma$, $\sigma_z = \sqrt{L_1^2+L_2^2}\sigma$, $\sigma_t = \sqrt{13}\sigma$

3.1.09

(1) $\sigma_x = \sqrt{\sigma_1^2+4\sigma_2^2}$

(2) $\sigma_y = \sqrt{(L_1+L_2)^2\sigma_1^2+L_1^2\sigma_2^2}$

(3) $\sigma_z = \dfrac{\sqrt{\sin^2 L_2 \sigma_1^2 + \sin^2 L_1 \cos^2(L_1+L_2)\sigma_2^2}}{\sin^2(L_1+L_2)}$

3.1.10

(1) $D_{F_1} = 22$ (2) $D_{F_2} = 18L_2^2 + 27L_3^2$

3.1.11

(1) $D_{F_1} = 40$ (2) $D_{F_2} = 24L_1^2 - 4L_1 - 4L_1 L_3^{-\frac{1}{2}} + L_3^{-\frac{1}{2}} + \dfrac{1}{2}L_3^{-1} + 4$

3.1.12
$D_{XL}=AD_{LL}$
$D_{YL}=BAD_{LL}$ 或 $D_{YL}=BD_{XL}$
$D_{XY}=AD_{LL}A^{\mathrm{T}}B^{\mathrm{T}}$ 或 $D_{XY}=AD_{LX}B^{\mathrm{T}}$

3.1.13
$D_{\varphi_1}=4L_1^2+3L_2^2 \quad D_{\varphi_2}=18 \quad D_{\varphi_1\varphi_2}=7L_2-L_1$

3.1.14
$$D_{WW}=\begin{pmatrix} D_{XX} & D_{XY} & D_{XZ} \\ D_{YX} & D_{YY} & D_{YZ} \\ D_{ZX} & D_{ZY} & D_{ZZ} \end{pmatrix}=\begin{pmatrix} AD_{11}A^{\mathrm{T}} & AD_{12}B^{\mathrm{T}} & AD_{13}C^{\mathrm{T}} \\ BD_{21}A^{\mathrm{T}} & BD_{22}B^{\mathrm{T}} & BD_{23}C^{\mathrm{T}} \\ CD_{31}A^{\mathrm{T}} & CD_{32}B^{\mathrm{T}} & CD_{33}C^{\mathrm{T}} \end{pmatrix}$$

3.1.15
$\sigma_x=\sqrt{\cos^2\alpha\sigma_S^2+(\Delta Y)^2\sigma_\alpha^2/\rho''^2}$
$\sigma_y=\sqrt{\sin^2\alpha\sigma_S^2+(\Delta X)^2\sigma_\alpha^2/\rho''^2}$

3.1.16
$\sigma_{y_1}^2=\dfrac{S_{AB}^2}{\rho''^2\sin^2 L_3}(\cos^2 L_1+\sin^2 L_1\cdot\cot^2 L_3)$

$\sigma_{y_2}^2=1(秒^2)$

$\sigma_{y_1 y_2}=0$

3.1.17
$c=185.346(\mathrm{m}) \quad \sigma_c=0.154(\mathrm{m})$

3.1.18
$\sigma_S=\dfrac{1}{2}\sqrt{b^2C^2\cos^2 A\sigma_A^2/(\rho'')^2+C^2\sin^2 A\sigma_b^2+b^2\sin^2 A\sigma_c^2}$

3.1.19
令 P 点坐标 X、Y 的协方差阵为
$$\begin{pmatrix} \sigma_x^2 & \sigma_{xy} \\ \sigma_{yx} & \sigma_y^2 \end{pmatrix}$$

式中：$\sigma_x^2=\left(\dfrac{\Delta X_{AP}}{S}\right)^2\sigma_S^2+\Delta Y_{AP}^2\dfrac{\sigma_\beta^2}{\rho^2}+\Delta Y_{AP}^2\dfrac{\sigma_0^2}{\rho^2}$

$\sigma_y^2=\left(\dfrac{\Delta Y_{AP}}{S}\right)^2\sigma_S^2+\Delta X_{AP}^2\dfrac{\sigma_\beta^2}{\rho^2}+\Delta X_{AP}^2\dfrac{\sigma_0^2}{\rho^2}$

$\sigma_{xy}=\dfrac{\Delta X_{AP}\Delta Y_{AP}}{S^2}\sigma_S^2-\Delta X_{AP}\Delta Y_{AP}\dfrac{\sigma_\beta^2}{\rho^2}-\Delta X_{AP}\Delta Y_{AP}\dfrac{\sigma_0^2}{\rho^2}$

$\sigma_{yx}=\sigma_{xy}$

3.1.20
(1) $D_{\hat{L}\hat{L}}=\dfrac{1}{3}\begin{bmatrix} 2 & 1 & -1 \\ 1 & 2 & 1 \\ -1 & 1 & 2 \end{bmatrix}(秒^2)$

(2) $D_{\hat{L}_1\hat{L}_3} = -\dfrac{1}{3}$（秒²）

3.2.21

在水准路线不平坦的情况下，每一测站的水准路线长度不会一样，通常设每测站的观测高差精度相同，则测站数为 N 的水准路线高差的精度用 $\sigma_{h_{AB}} = \sqrt{N}\sigma_{站}$ 计算；当水准路线较平坦时，每一测站的水准路线长度大致一样，每一公里的测站数也大致相等，这时每一公里观测高差的精度也相同，则长度为 S 公里的水准路线高差的精度用 $\sigma_{h_{AB}} = \sqrt{S}\sigma_{km}$ 计算。

3.2.22

N 个同精度独立观测值 L_i 的精度为 σ，其算术平均值 $x = \dfrac{\sum\limits_{i=1}^{N} L_i}{N}$，根据误差传播律可得方差 $\sigma_x^2 = \dfrac{\sigma^2}{N}$，进而得中误差 $\sigma_x = \dfrac{\sigma}{\sqrt{N}}$。前提是观测值独立、同精度。

3.2.23

点位方差由一对互相垂直的方差分量计算，一般是 $\sigma_P^2 = \sigma_X^2 + \sigma_Y^2$ 或 $\sigma_P^2 = \sigma_s^2 + \sigma_u^2$。$\sigma_s^2$ 是纵向方差，是由测距误差引起的；σ_u^2 是横向方差，是由测角误差引起的。

3.2.24

(1) $\sigma_{h_2} = 1.73(\text{mm})$　　(2) $\sigma_{H_{P_1}} = 1.29(\text{mm})$

3.2.25

最多可设 25 站

3.2.26

16km

3.2.27

$\sigma_P = 0.097(\text{m})$

3.2.28

再增加 5 个测回

3.2.29

$S = 4\,635.563(\text{m}^2)$　　$\sigma_S = 2.88(\text{m}^2)$

3.2.30

$\sigma_\alpha = \sigma_\beta = 3.34$（秒）

3.3.31

权是描述精度的相对指标，中误差数值越小，说明精度越高，其权越大。在处理不同精度观测值时，有时并不知道观测值精度的具体数值，但知道哪些观测值精度高，哪些精度低，即知道这些观测值精度的比值关系，通常这些观测值的精度多和距离、测站数、测回数、次数等因素有关，在这种情况下可以用权能反映观测值之间精度的高低，从而求得观测值的最或是值。

3.3.32

σ_0^2 是单位权方差，是一个比例因子；σ_i^2 可以是不同量的方差，当 σ_i^2 和 σ_0^2 是同一量的方差时，p_i 没有单位，当 σ_i^2 和 σ_0^2 是不同量的方差时，p_i 有单位。

3.3.33

权为1称为单位权,权为1的观测值称为单位权观测值,权为1的观测值的中误差称为单位权中误差。对于某一平差问题,σ_0^2一旦确定,是不能改变的,它起到的是基准的作用,也称为比例因子。

3.3.34

$p_i = \dfrac{C}{N_i}$是以测站数定权,一般用于地形起伏较大地区的水准测量;$p_i = \dfrac{C}{S_i}$是以测站数定权,一般用于地形较平坦地区的水准测量。C表示以C站水准路线观测值或C公里水准路线观测值作为单位权观测值。

3.3.35

	P_1	P_2	P_3
$\sigma_0 = 2.0''$	1.0	0.25	4.0
$\sigma_0 = 4.0''$	4.0	1.0	16.0
$\sigma_0 = 1.0''$	0.25	0.0625	1.0

按各组权分别计算得$\hat{X} = 30°41'17.2''$,$\sigma_{\hat{x}} = 0.87''$

3.3.36

$P_1 = 4.0$ $P_2 = 5.0$ $P_3 = 10.0$ $\sigma_0 = \sqrt{40}\sigma$ (km)

3.3.37

$\bar{P} = np$

3.3.38

$P_D = \dfrac{d}{D}$

3.3.39

$P_C(\text{平差前}) = \dfrac{1}{40}$ $P_C(\text{平差后}) = \dfrac{1}{20}$

3.3.40

$\sigma_0 = 5.66''$ $\sigma_A = 11.31''$

3.3.41

(1)观测∠A两次的算术平均值 (2)$\sigma_0 = 1.70''$ (3)$N = 12$(次)

3.3.42

不对。因为A角和B角每次观测的精度不同,故不能用$P_i = \dfrac{N_i}{C'}$这一公式定权。

3.3.43

(1)$\sigma_0 = 1.73$ mm (2)$\dfrac{3}{4}$ (3)12次

3.3.44

$P_{S_2} = \dfrac{10}{27}$

3.3.45

(1)$\sigma_D = 1$ mm (2)$\sigma_{AD} = 1$ mm

3.3.46

(1) $\sigma_D = 0.5\text{mm}$ (2) $\sigma_{CD} = 0.5\text{mm}$

3.4.47

协因数是权倒数，相关权倒数是两个变量的互协因数，它们与观测值的方差或协方差成正比。

3.4.48

协方差阵除以单位权方差定义为协因数阵，协因数阵的逆阵是权阵。权阵和协因数阵互为逆阵。

3.4.49

答：(1) 是权倒数 $\dfrac{\sigma_i^2}{\sigma_0^2}$ (2) 权阵为对角阵时，协因数的逆阵是权倒数的倒数即为权 $p_{ii} = \dfrac{\sigma_0^2}{\sigma_i^2}$；非对角阵时不是 $p_{ii} \neq \dfrac{\sigma_0^2}{\sigma_i^2}$

3.4.50

$\sigma_0^2 = 8$，$P_2 = \dfrac{4}{3}$，$Q_{11} = \dfrac{1}{2}$，$Q_{22} = \dfrac{3}{4}$

3.4.51

因为 $Q_{LL} = \dfrac{1}{5}\begin{bmatrix} 3 & -1 \\ -1 & 2 \end{bmatrix}$，$D_{LL} = \dfrac{2}{5}\begin{bmatrix} 3 & -1 \\ -1 & 2 \end{bmatrix}$，

故 $P_1 = \dfrac{5}{3}$，所以 $\rho_{12} = -\dfrac{\sqrt{6}}{6}$

3.4.52

$P_{L_1} = \dfrac{1}{3}$ $P_{L_2} = \dfrac{1}{2}$

3.4.53

$P_{L_1} = 4$ $P_{L_2} = \dfrac{16}{5}$

3.4.54

$\sigma_1^2 = 3$ $\sigma_2^2 = 2$ $\sigma_{12} = -1$ $P_{L_1} = 1$ $P_{L_2} = \dfrac{3}{2}$

3.4.55

$\sigma_0^2 = 5$ $P_{LL} = \begin{bmatrix} 3 & 1 \\ 1 & 2 \end{bmatrix}$ $P_{L_1} = \dfrac{5}{2}$ $P_{L_2} = \dfrac{5}{3}$

3.4.56

$P_{XX} = \dfrac{1}{2}\begin{bmatrix} 3 & -1 \\ -1 & 3 \end{bmatrix}$ $P_{YY} = 1$ $P_{x_1} = \dfrac{4}{3}$ $P_{x_2} = \dfrac{4}{3}$ $P_y = 1$

3.5.57

(1) $D_F = 46$ $Q_F = 23$ (2) $D_{FL} = \begin{bmatrix} 10 & 10 & -3 \end{bmatrix}$ $Q_{FL} = \begin{bmatrix} 5 & 5 & -1.5 \end{bmatrix}$

3.5.58

$\sigma_0^2 = \sigma_1^2 P_1 = 4 \times 1 = 4$，$Q_{LL} = \dfrac{1}{\sigma_0^2} D_{LL} = \dfrac{1}{4}\begin{bmatrix} 4 & -1 \\ -1 & 2 \end{bmatrix}$，

(1) $F = \begin{bmatrix} F_1 \\ F_2 \end{bmatrix} = \begin{bmatrix} 1 & 3 \\ 5 & -1 \end{bmatrix} \begin{bmatrix} L_1 \\ L_2 \end{bmatrix} + \begin{bmatrix} -4 \\ 1 \end{bmatrix}$,

$Q_F = \dfrac{1}{4} \begin{bmatrix} 1 & 3 \\ 5 & -1 \end{bmatrix} \begin{bmatrix} 4 & -1 \\ -1 & 2 \end{bmatrix} \begin{bmatrix} 1 & 5 \\ 3 & -1 \end{bmatrix} = \begin{bmatrix} 4 & 0 \\ 0 & 28 \end{bmatrix}$, $P_{F_1} = \dfrac{1}{4}$, $P_{F_2} = \dfrac{1}{28}$

(2) $\sigma_{F_1 F_2} = 0$, $\rho = 0$, 说明两函数不独立。

3.5.59

(1) 由于 $Q_{F_1 F_2} = 0$, 故函数 F_1 与 F_2 不相关。 (2) $P_{F_1} = \dfrac{1}{4}$ $P_{F_2} = \dfrac{1}{28}$

3.5.60

(1) $1/P_X = Q_X = 1$ (2) $1/P_Y = Q_Y = \dfrac{1}{4}\left(\dfrac{1}{P_1} + \dfrac{1}{P_2}\right) + \dfrac{1}{P_3}$

(3) $1/P_Z = Q_Z = 4L_1^2 \dfrac{1}{P_1} + 9L_3^4 \dfrac{1}{P_3}$

3.5.61

$P_A = \dfrac{6}{2C^2 + 3}$

3.5.62

$\dfrac{1}{P_F} = f_1^2 \left[\dfrac{\alpha\alpha}{P}\right] + 2 f_1 f_2 \left[\dfrac{\alpha\beta}{P}\right] + f_2^2 \left[\dfrac{\beta\beta}{P}\right]$

式中：$\left[\dfrac{\alpha\alpha}{P}\right] = \dfrac{\alpha_1^2}{P_1} + \dfrac{\alpha_2^2}{P_2} + \cdots + \dfrac{\alpha_n^2}{P_n}$

$\left[\dfrac{\alpha\beta}{P}\right] = \dfrac{\alpha_1 \beta_1}{P_1} + \dfrac{\alpha_2 \beta_2}{P_2} + \cdots + \dfrac{\alpha_n \beta_n}{P_n}$

$\left[\dfrac{\beta\beta}{P}\right] = \dfrac{\beta_1^2}{P_1} + \dfrac{\beta_2^2}{P_2} + \cdots + \dfrac{\beta_n^2}{P_n}$

3.5.63

$Q_{yy} = \begin{bmatrix} 6 & 9 \\ 9 & 14 \end{bmatrix}$

3.5.64

$Q_{yy} = \begin{bmatrix} 10 & 15 \\ 15 & 23 \end{bmatrix}$ $Q_{yz} = \begin{bmatrix} 15 & 10 \\ 23 & 15 \end{bmatrix}$ $Q_{zz} = \begin{bmatrix} 23 & 15 \\ 15 & 10 \end{bmatrix}$

$Q_{yw} = \begin{bmatrix} 35 & 40 \\ 53 & 61 \end{bmatrix}$ $Q_{zw} = \begin{bmatrix} 53 & 61 \\ 35 & 40 \end{bmatrix}$ $Q_{ww} = \begin{bmatrix} 123 & 141 \\ 141 & 162 \end{bmatrix}$

3.5.65

$Q_{LL}_{66} = \begin{bmatrix} 2 & . & . & . & . & . \\ . & 2 & -1 & . & . & . \\ . & -1 & 2 & . & . & . \\ . & . & . & 2 & -1 & . \\ . & . & . & -1 & 2 & . \\ . & . & . & . & . & 2 \end{bmatrix}$

3.5.66

$$Q_{LL} \atop 88 = \begin{bmatrix} 2 & -1 & . & . & . & . & . & . \\ -1 & 2 & . & . & . & . & . & . \\ . & . & 2 & -1 & . & . & . & . \\ . & . & -1 & 2 & . & . & . & . \\ . & . & . & . & 2 & -1 & . & . \\ . & . & . & . & -1 & 2 & . & . \\ . & . & . & . & . & . & 2 & -1 \\ . & . & . & . & . & . & -1 & 2 \end{bmatrix}$$

3.5.67

(1) $Q_{XX} = (B^TB)^{-1}$　　$Q_{L\hat{L}} = B(B^TB)^{-1}B^T$

(2) $Q_{VX} = 0$　　V 与 X 互不相关　　$QV_{V\hat{L}} = 0$　　V 与 $\hat{L}$ 互不相关

3.6.68

$W_i(i=1,2,\cdots,n)$ 是三角形闭合差，n 是闭合差的个数，σ_β 是测角中误差。

3.6.69

差数 d 是双观测差的真误差，因为双观测差的真值是零 $0-d=d$。

3.6.70

p_i 是观测值的权，n 是观测对的个数，$\hat{\sigma}_0$ 是观测值的单位权中误差。

3.6.71

(1) $\hat{S} = 6\,000.027(\text{m})$　　(2) $\hat{\sigma}_0 = 1.11(\text{mm})$

(3) $\hat{\sigma}_\text{全} = 2.72(\text{mm})$　　(4) $\hat{\sigma}_\text{平} = 1.92(\text{mm})$

(5) $\hat{\sigma}_{L_2} = 1.57(\text{mm})$

3.6.72

(1) $\hat{\sigma}_0 = 1.27(\text{mm})$

(2) $\hat{\sigma}_1 = 1.33(\text{mm})$　　$\hat{\sigma}_2 = 2.06(\text{mm})$　　$\hat{\sigma}_3 = 0.90(\text{mm})$

(3) $\hat{\sigma}_{\bar{L}_1} = 0.94(\text{mm})$　　$\hat{\sigma}_{\bar{L}_2} = 1.46(\text{mm})$　　$\hat{\sigma}_{\bar{L}_3} = 0.64(\text{mm})$

(4) $\hat{\sigma}_\text{全} = 2.62(\text{mm})$

(5) $\hat{\sigma}_{\bar{L}_\text{全}} = 1.85(\text{mm})$

3.6.73

(1) $\sqrt{p_i}$　　(2) $\dfrac{[p\Delta\Delta]}{np_i}$

3.6.74

(1) 每长度 S 观测高差为单位权观测值 $\hat{\sigma}_0 = \sqrt{\dfrac{[\Delta\Delta]}{20}}$

(2) $\hat{\sigma}_d = \sqrt{\dfrac{[\Delta\Delta]}{10}}$　　(3) $\hat{\sigma}_{\hat{L}(\text{全})} = \dfrac{1}{\sqrt{2}}\hat{\sigma}_0\sqrt{[10]} = \sqrt{5}\hat{\sigma}_0$

3.7.75

偶然误差与系统误差之和是综合误差，综合方差定义为中误差的平方和加上系统误差和的平方。

3.7.76

系统误差的传播公式：设 L_i 的系统误差为 ε_i，函数 $z = k_1L_1 + \cdots + k_nL_n$ 的系统误差 $\varepsilon_Z = \sum_{i=1}^{n} k_i \varepsilon_i$；联合传播公式：$D_{ZZ} = \sum_{i=1}^{n} k_i^2 \sigma_i^2 + \left(\sum_{i=1}^{n} k_i \varepsilon_i\right)^2$

3.7.77

$\sigma_{\hat{\pm}} = 0.0042 \text{(m)}$

3.7.78

$D_{ZZ} = KD_{LL}K^T + K\varepsilon\varepsilon^T K^T \quad D_{ZY} = KD_{LL}F^T + K\varepsilon\varepsilon^T F^T$

3.7.79

(1) $D_Z = 5\sigma^2$ (2) $D_Z = 5\sigma^2 + 2\varepsilon_1 - \varepsilon_2$

3.7.80

$\beta = -L_1 + L_2$, $\Omega_\beta = -\Omega_1 + \Omega_2$,

$\Omega_\beta^2 = (-\Omega_1 + \Omega_2)^2$
$= \Omega_1^2 - 2\Omega_1\Omega_2 + \Omega_2^2 = (\Delta_1 + \varepsilon_1)^2 - 2(\Delta_1 + \varepsilon_1)(\Delta_2 + \varepsilon_2) + (\Delta_2 + \varepsilon_2)^2$
$= \Delta_1^2 + 2\Delta_1\varepsilon_1 + \varepsilon_1^2 - 2\Delta_1\Delta_2 - 2\Delta_1\varepsilon_2 - 2\varepsilon_1\Delta_2 - 2\varepsilon_1\varepsilon_2 + \Delta_2^2 + 2\Delta_2\varepsilon_2 + \varepsilon_2^2$,

$E(\Omega_\beta^2) = E(\Delta_1^2 + 2\Delta_1\varepsilon_1 + \varepsilon_1^2 - 2\Delta_1\Delta_2 - 2\Delta_1\varepsilon_2 - 2\varepsilon_1\Delta_2 - 2\varepsilon_1\varepsilon_2 + \Delta_2^2 + 2\Delta_2\varepsilon_2 + \varepsilon_2^2)$
$= E(\Delta_1^2) + \varepsilon_1^2 - 2\varepsilon_1\varepsilon_2 + \varepsilon_2^2 + E(\Delta_2^2) = 2\sigma^2 + (\varepsilon_1 - \varepsilon_2)^2$

3.8.81

$\begin{bmatrix} Z_1 \\ Z_2 \end{bmatrix} = \begin{bmatrix} 1 & -1 \\ \alpha & \beta \end{bmatrix} \begin{bmatrix} X \\ Y \end{bmatrix}$，所以

$\begin{bmatrix} D(Z_1) & D_{Z_1Z_2} \\ D_{Z_2Z_1} & D(Z_2) \end{bmatrix} = \sigma^2 \begin{bmatrix} 1 & -1 \\ \alpha & \beta \end{bmatrix} \begin{bmatrix} 1 & \alpha \\ -1 & \beta \end{bmatrix} = \sigma^2 \begin{bmatrix} 2 & \alpha - \beta \\ \alpha - \beta & \alpha^2 + \beta^2 \end{bmatrix}$

所以，$\rho_{Z_1Z_2} = \dfrac{\alpha - \beta}{\sqrt{2(\alpha^2 + \beta^2)}}$

3.8.82

证明：$W = \begin{bmatrix} 1 & -a \end{bmatrix} \begin{bmatrix} X \\ Y \end{bmatrix}$, $V = \begin{bmatrix} 1 & a \end{bmatrix} \begin{bmatrix} X \\ Y \end{bmatrix}$,

$D_{WV} = \sigma_X^2 - a^2 \sigma_Y^2$

所以当 $\sigma_X^2 = a^2 \sigma_Y^2$ 时，$D_{WV} = 0$，得证

3.8.83

$Q = \begin{bmatrix} 3 & -1 \\ -1 & 2 \end{bmatrix}$, $\sigma_0^2 = \sigma_1^2 P_1 = 9 \times \dfrac{1}{3} = 3$, $D = \sigma_0^2 Q = \begin{bmatrix} 9 & -3 \\ -3 & 6 \end{bmatrix}$,

(1) $dx = L_2 dL_1 + L_1 dL_2$, $D_x = \begin{bmatrix} L_2 & L_1 \end{bmatrix} \begin{bmatrix} 9 & -3 \\ -3 & 6 \end{bmatrix} \begin{bmatrix} L_2 \\ L_1 \end{bmatrix} = 6L_1^2 - 6L_1L_2 + 9L_2^2$

(2) $F = \begin{bmatrix} y \\ z \end{bmatrix} = \begin{bmatrix} 2 & 1 \\ 0 & 3 \end{bmatrix} \begin{bmatrix} L_1 \\ L_2 \end{bmatrix} + \begin{bmatrix} -4 \\ 0 \end{bmatrix}$,

$D_F = \begin{bmatrix} 2 & 1 \\ 0 & 3 \end{bmatrix} \begin{bmatrix} 9 & -3 \\ -3 & 6 \end{bmatrix} \begin{bmatrix} 2 & 0 \\ 1 & 3 \end{bmatrix} = \begin{bmatrix} 30 & 0 \\ 0 & 54 \end{bmatrix}$, $\sigma_y^2 = 30$, $\sigma_z^2 = 54$, $\rho_{yz} = 0$

3.8.84

令 P 点坐标 X、Y 的协方差阵为：
$$\begin{bmatrix} \hat{\sigma}_x^2 & \hat{\sigma}_{xy} \\ \hat{\sigma}_{yx} & \hat{\sigma}_y^2 \end{bmatrix}$$

本题分两步解算：第一步先求平差角向量 $\hat{L}$ 的协方差阵 $D_{\hat{L}\hat{L}}$，令 $\hat{L}_{31} = \begin{bmatrix} \hat{L}_1 & \hat{L}_2 & \hat{L}_3 \end{bmatrix}^T$，可求得

$$D_{\hat{L}\hat{L}} = \frac{1}{3}\begin{bmatrix} 2 & -1 & -1 \\ -1 & 2 & -1 \\ -1 & -1 & 2 \end{bmatrix}(\text{秒}^2)$$

第二步求平差后 P 点坐标 X、Y 的协方差阵，其中有：

$$\hat{\sigma}_x^2 = \frac{1}{\rho^2}[\Delta Y_{AP}\Delta X_{AP}\cot\hat{L}_2 - \Delta X_{AP}\cot\hat{L}_3]D_{LL}\begin{bmatrix} \Delta Y_{AP} \\ \Delta X_{AP}\cot\hat{L}_2 \\ -\Delta X_{AP}\cot\hat{L}_3 \end{bmatrix}$$

$$\hat{\sigma}_{xy} = \frac{1}{\rho^2}[\Delta Y_{AP}\Delta X_{AP}\cot\hat{L}_2 - \Delta X_{AP}\cot\hat{L}_3]D_{LL}\begin{bmatrix} -\Delta X_{AP} \\ \Delta Y_{AP}\cot\hat{L}_2 \\ -\Delta Y_{AP}\cot\hat{L}_3 \end{bmatrix}$$

$$\hat{\sigma}_y^2 = \frac{1}{\rho^2}[-\Delta X_{AP}\Delta Y_{AP}\cot\hat{L}_2 - \Delta Y_{AP}\cot\hat{L}_3]D_{LL}\begin{bmatrix} -\Delta X_{AP} \\ \Delta Y_{AP}\cot\hat{L}_2 \\ -\Delta Y_{AP}\cot\hat{L}_3 \end{bmatrix}$$

3.8.85

$\sigma_1 = 2\sqrt{5}$（mm） $\sigma_2 = \sqrt{5}$（mm）

3.8.86

$\sigma_{Y_1Y_2} = 2L_1 + 4L_2$ $\sigma_{Y_1L} = [6L_2 - 2L_1 \quad 4L_1 - 2L_2]$ $\sigma_{Y_2L_1} = 2$

3.8.87

（1）$-\sigma_1^2$ （2）$\dfrac{\sigma_1^2 + \sigma_2^2}{2\sigma_1^2}$

3.8.88

（1）误差分配前：$P_1 = 2$，$P_2 = 4$，$P_3 = 1$，

协因数阵 $Q = \begin{bmatrix} 0.5 & & \\ & 0.25 & \\ & & 1 \end{bmatrix}$

将误差按距离成正比分配后：

$\hat{h}_1 = \dfrac{5}{7}h_1 - \dfrac{2}{7}h_2 - \dfrac{2}{7}h_3$

$\hat{h}_2 = -\dfrac{1}{7}h_1 + \dfrac{6}{7}h_2 - \dfrac{1}{7}h_3$

$\hat{h}_3 = -\dfrac{4}{7}h_1 - \dfrac{4}{7}h_2 + \dfrac{3}{7}h_3$

$$Q_{\hat{h}} = \begin{bmatrix} 40 & -8 & -32 \\ & 24 & -16 \\ & & 48 \end{bmatrix}$$

误差分配后：$P_1 = \dfrac{1}{40}$，$P_2 = \dfrac{1}{24}$，$P_3 = \dfrac{1}{48}$

(2) $\hat{H}_C = H_A - \hat{h}_3$，$P_{\hat{H}_C} = \dfrac{1}{48}$

3.8.89

(1) $P_1 = \dfrac{8}{3}$ (2) $\sigma_1^2 = \dfrac{3}{2}$ (3) $\sigma_F^2 = \dfrac{1}{2}(48L_1^2 + 8L_1 + 3)$

3.8.90

(1) $V_1 = V_2$ (2) $5\hat{\sigma}_{0_1}^2 = \hat{\sigma}_{0_2}^2$

3.8.91

(1) $2\sqrt{3}$ (2) $3/4$ (3) 16

3.8.92

$\dfrac{\sigma_{AB}}{AB} = \dfrac{1}{5\,000}$，$\dfrac{\sigma_{CD}}{CD} = \dfrac{1}{20\,000}$

3.8.93

(1) $\sigma_0^2 = \sigma_\beta^2 = 9(\text{秒}^2)$

$P_{\beta_1} = P_{\beta_2} = P_{\beta_3} = P_{\beta_4} = 1$

$P_{S_1} = \dfrac{1}{4}(\text{秒/mm})^2$ $P_{S_2} = \dfrac{1}{9}(\text{秒/mm})^2$ $P_{S_3} = \dfrac{1}{16}(\text{秒/mm})^2$

(2) $\sigma_0^2 = \sigma_{S_1}^2 = 36(\text{mm}^2)$

$P_{\beta_1} = P_{\beta_2} = P_{\beta_3} = P_{\beta_4} = 4(\text{mm/秒})^2$

$P_{S_1} = 1$ $P_{S_2} = \dfrac{4}{9}$ $P_{S_3} = \dfrac{1}{4}$

(3) $\sigma_0^2 = \sigma_{S_2}^2 = 81(\text{mm}^2)$

$P_{\beta_1} = P_{\beta_2} = P_{\beta_3} = P_{\beta_4} = 9(\text{mm/秒})^2$

$P_{S_1} = \dfrac{9}{4}$ $P_{S_2} = 1$ $P_{S_3} = \dfrac{9}{16}$

(4) $\sigma_0^2 = \sigma_{S_3}^2 = 144(\text{mm}^2)$

$P_{\beta_1} = P_{\beta_2} = P_{\beta_3} = P_{\beta_4} = 16(\text{mm/秒})^2$

$P_{S_1} = 4$ $P_{S_2} = \dfrac{16}{9}$ $P_{S_3} = 1$

3.8.94

$Q_{XY} = 3$ $Q_{XL} = \begin{bmatrix} 1 & 1 \end{bmatrix}$ $Q_{YL} = \begin{bmatrix} 6 & -3 \end{bmatrix}$

$P_{L_1} = \dfrac{1}{2}$ $P_{L_2} = \dfrac{1}{2}$

3.8.95

$D_{\varphi_1} = 4L_1^2 + 3L_2^2$ $D_{\varphi_2} = 18$ $D_{\varphi_1 \varphi_2} = -L_1 + 7L_2$

$Q_{\varphi_1} = 2L_1^2 + 1.5L_2^2$ $Q_{\varphi_2} = 9$ $Q_{\varphi_1 \varphi_2} = -0.5L_1 + 3.5L_2$

3.8.96

(1) L_1 与 L_3 相互独立　(2) $P_{L'L'} = \dfrac{1}{5}\begin{bmatrix} 3 & -1 \\ -1 & 2 \end{bmatrix}$

3.8.97

(1) $P_W = \dfrac{1}{3}$, $\quad P_{\hat{L}_1} = P_{\hat{L}_2} = P_{\hat{L}_3} = \dfrac{3}{2}$

(2) $Q_{W\hat{L}} = 0$, W 与 $\hat{L}$ 互不相关

3.8.98

(1) $Q_{\hat{L}\hat{L}} = \dfrac{1}{3}\begin{bmatrix} 2 & 1 & -1 \\ 1 & 2 & 1 \\ -1 & 1 & 2 \end{bmatrix}$　(2) $Q_{\hat{L}_1\hat{L}_3} = -\dfrac{1}{3}$

3.8.99

$\rho = \dfrac{\sigma_{\vartheta s}}{\sigma_\vartheta \sigma_s} = \dfrac{\sigma_{\vartheta s}}{20 \times 0.1} = \dfrac{\sigma_{\theta s}}{20 \times 10} = 0.5$, $\sigma_{\vartheta s} = 1$

(1) $D_z = \begin{bmatrix} 400('{}^2) & 1('')\cdot(\mathrm{m}) \\ & 0.01(\mathrm{m}^2) \end{bmatrix} = \begin{bmatrix} 400('{}^2) & 100('')(\mathrm{cm}) \\ 100('')(\mathrm{cm}) & 100(\mathrm{cm}^2) \end{bmatrix}$,

(2) $\mathrm{d}\Delta x = -\dfrac{s}{\rho}\sin\theta\mathrm{d}\theta + \cos\theta\mathrm{d}s = -\dfrac{2\times10^4}{2\times10^5}\cdot\dfrac{1}{2}\mathrm{d}\theta + \dfrac{\sqrt{3}}{2}\mathrm{d}s$

$\mathrm{d}\Delta y = \dfrac{s}{\rho}\cos\theta\mathrm{d}\theta + \sin\theta\mathrm{d}s = \dfrac{2\times10^4}{2\times10^5}\cdot\dfrac{\sqrt{3}}{2}\mathrm{d}\theta + \dfrac{1}{2}\mathrm{d}s$

$Z = \begin{bmatrix} \mathrm{d}\Delta x \\ \mathrm{d}\Delta y \end{bmatrix} = \dfrac{1}{2}\begin{bmatrix} 0.1(\frac{\mathrm{cm}}{''}) & \sqrt{3} \\ 0.1\sqrt{3}(\frac{\mathrm{cm}}{''}) & 1 \end{bmatrix}\begin{bmatrix} \mathrm{d}\theta \\ \mathrm{d}s \end{bmatrix}$

$D_Z = \dfrac{100}{4}\begin{bmatrix} 0.1(\frac{\mathrm{cm}}{''}) & \sqrt{3} \\ 0.1\sqrt{3}(\frac{\mathrm{cm}}{''}) & 1 \end{bmatrix}\begin{bmatrix} 4 & 1 \\ 1 & 1 \end{bmatrix}\begin{bmatrix} 0.1 & 0.1\sqrt{3} \\ \sqrt{3} & 1 \end{bmatrix}$

$= \dfrac{100}{4}\begin{bmatrix} 3.04 + 0.2\sqrt{3} & 0.04\sqrt{3} + 0.4 + \sqrt{3} \\ & 1.12 + 0.2\sqrt{3} \end{bmatrix}$

$D_Z = 25 \times \begin{bmatrix} 3.39 & 2.20 \\ 2.20 & 1.47 \end{bmatrix}(\mathrm{cm}^2)$

$Q_Z = \dfrac{1}{\sigma_0^2} = 2.5 \times \begin{bmatrix} 3.39 & 2.20 \\ 2.20 & 1.47 \end{bmatrix}(\mathrm{cm}^2)$

3.8.100

已知 $\sigma_{\beta_1} = 12''$

$\left(\rho\dfrac{\sigma_{S_a}}{S_a}\right)^2 = \sigma_\beta^2(\cot^2\beta \times 6)$

$\dfrac{\sigma_{S_a}}{S_a} = \dfrac{\sigma_\beta}{\rho}(\cot\beta)\sqrt{6} = \dfrac{\sigma_\beta \times \sqrt{6} \times \cot 60°}{2\times10^5} = \dfrac{\sigma_\beta\sqrt{6}\times\frac{\sqrt{3}}{3}}{200\,000} = \dfrac{1}{20\,000}$

$$\frac{\sigma_\beta \sqrt{2}}{10}=1, \quad \sigma_\beta=\frac{10}{\sqrt{2}}=5\sqrt{2}$$

$$\sigma_\beta=5\sqrt{2}=\frac{\sigma_{\beta_1}}{\sqrt{n}}, \quad n=\frac{\sigma_{\beta_1}^2}{\sigma_\beta^2}=\frac{144}{50}\approx 3$$

第 四 章

4.1.01
是因为有多余观测，才可能发现误差。

4.1.02
必要元素包括必要观测，还包括确定几何模型的外部配置元素。

4.1.03
必要观测必须是函数独立量。在平差前，首先必须确定必要观测数。能唯一确定该几何模型形状、大小和位置的元素即为必要元素。

4.2.04
四种基本平差方法的函数模型是按照所设的参数来划分的。

4.2.05
未知量是所设的参数和观测值的改正数，已知量是已知数据(含必要的起算数据)和观测值。

4.2.06
n——观测值个数，t——必要观测数，r——多余观测数，u——参数个数，s——不独立参数的个数，c——方程数。$r=n-t$, $u=t+s$, $c=r+u$。

4.2.07
(a) $r=5$ (b) $r=7$ (c) $r=11$ (d) $r=3$

4.2.08

(a) $r=2$：$\tilde{h}_2-\tilde{h}_3=0$

$\tilde{h}_1+\tilde{h}_2-\tilde{h}_4+H_A-H_B=0$

(b) $r=3$：$\tilde{\beta}_1+\tilde{\beta}_2+\tilde{\beta}_3-180°=0$

$$\frac{\tilde{S}_1}{\sin\tilde{\beta}_2}-\frac{S_{AB}}{\sin\tilde{\beta}_3}=0$$

$$\frac{\tilde{S}_2}{\sin\tilde{\beta}_1}-\frac{S_{AB}}{\sin\tilde{\beta}_3}=0$$

4.2.09

(a) $r=2$：$\tilde{L}_1+\tilde{L}_2+\tilde{L}_3-180°=0$

$\tilde{L}_4+\tilde{L}_5+\tilde{L}_6-180°=0$

(b) $r=4$: $-\tilde{L}_1+\tilde{L}_2-\tilde{L}_7+\tilde{L}_8+\alpha_{AB}-\alpha_{BA}-180°=0$

$-\tilde{L}_2+\tilde{L}_3-\tilde{L}_4+\tilde{L}_5-\tilde{L}_6+\tilde{L}_7-180°=0$

$\tilde{L}_3-\tilde{L}_4+180°=0$

$\tilde{L}_2-\tilde{L}_7-180°=0$

4.2.10

$c=3$

(a) $c=3$　　　　(b) $c=5$

$\tilde{L}_1=\tilde{X}$　　　　$\tilde{h}_1=\tilde{X}_1-H_A$

$\tilde{L}_2=\tilde{X}$　　　　$\tilde{h}_2=-\tilde{X}_1+H_B$

$\tilde{L}_3=\tilde{X}$　　　　$\tilde{h}_3=\tilde{X}_2-H_A$

　　　　　　　　$\tilde{h}_4=-\tilde{X}_2+H_B$

　　　　　　　　$\tilde{h}_5=-\tilde{X}_1+\tilde{X}_2$

4.2.11

(a) $c=3$　　　　(b) $c=3$

$\tilde{L}_1=\tilde{X}_1$　　　　$\tilde{S}_1=\sqrt{(\tilde{X}_P-X_A)^2+(\tilde{Y}_P-Y_A)^2}$

$\tilde{L}_2=\tilde{X}_2$　　　　$\tilde{S}_2=\sqrt{(\tilde{X}_P-X_B)^2+(\tilde{Y}_P-Y_B)^2}$

$\tilde{L}_3=\sqrt{\tilde{X}_1^2+\tilde{X}_2^2}$　　　　$\tilde{S}_3=\sqrt{(\tilde{X}_P-X_C)^2+(\tilde{Y}_P-Y_C)^2}$

4.3.12

通常用泰勒级数展开式将非线性函数模型转化为线性函数模型，泰勒级数展开式取一次项，即线性项，这就要求改正项小于一定限差。

4.3.13

(1) $L_2\Delta_1+L_1\Delta_2+W=0$　式中：$W=L_1\cdot L_2-A$

(2) $2L_1\Delta_1+2L_2\Delta_2+W=0$　　$W=L_1^2+L_2^2-A^2$

(3) $\cot L_1\Delta_1-\cot L_2\Delta_2+\cot L_3\Delta_3-\cot L_4\Delta_4+W=0$

$$W=\rho''\left(1-\frac{\sin\tilde{L}_2\sin\tilde{L}_4}{\sin\tilde{L}_1\sin\tilde{L}_3}\right)$$

(4) $\cot L_3\Delta_3+\cot(L_4+L_5)\Delta_4+[\cot(L_4+L_5)-\cot L_5]\Delta_5-\cot L_6\Delta_6+W=0$

$$W=\rho''\left(1-\frac{B\sin L_5\sin L_6}{A\sin L_3\sin(L_4+L_5)}\right)$$

4.3.14

$$-\frac{\rho''(Y_D^0-Y_A)}{(S_{AD}^0)^2}\hat{x}_D+\frac{\rho''(X_D^0-X_A)}{(S_{AD}^0)^2}\hat{y}_D+\Delta_1+\Delta_4+W''=0$$

$$W''=\arctan\frac{Y_D^0-Y_A}{X_D^0-X_A}+\beta_1+\beta_4-\alpha_{AB}$$

4.4.15

函数模型表现为已知量与待求量之间的函数表达式，随机模型是观测向量的方差-协方差阵。

4.4.16

通常用在某一估计准则下求得的估值，如在最小二乘准则下求得的估值来估计真值。

4.5.17

在观测个数多余必要观测数的情况下，有参数估计问题，在一般测量问题中，估计的参数是待定点的坐标和高程。

4.5.18

方程的共同特点是有效方程组的个数少于未知数的个数。方程的解不唯一。

4.5.19

在观测仅含有偶然误差的情况下，参数的最小二乘解是无偏和有效的。

4.5.20

最小二乘是观测值残差的平方和等于最小，由此估计的参数满足无偏性和有效性。

4.5.21

要求观测值仅含有偶然误差。

4.5.22

估值是根据最小二乘准则得到的。

4.5.23

当观测值服从正态分布时，最小二乘估计可由极大似然估计导出。

4.5.24

(1)满足无偏性的统计量是 X_1、X_2；(2)满足一致性的统计量是 X_1。

4.5.25

具有无偏性和有效性。

4.6.26

(a)附有参数的条件平差方程

$n=7$，$t=3$，$r=4$，$u=1$，$c=r+u=5$

(b)间接平差的观测值方程

$n=5$，$t=3$，$r=2$，$u=3$，$c=5$，$s=0$

(c)附有限制条件的观测值方程和参数的条件方程

$n=5$，$t=2$，$r=3$，$u=3$，$c=6$，$s=1$

(d)条件平差的条件方程

$n=12$，$t=7$，$r=5$，$u=0$，$c=5$，$s=0$

4.6.27

本题 $n=9$，$t=4$。

(1)该模型可列 5 个条件方程。

(2)不能采用附有参数的条件平差函数模型，因为所选的 3 个参数之间不独立。

4.6.28

(1)附有参数的条件平差，$c=8$。

(2)附有限制条件的间接平差，$c=10$。

(3)间接平差，$c=9$。
(4)附有参数的条件平差，$c=6$。

4.6.29
(1)函数模型为间接平差　(2)$u<t$

4.6.30
(1)条件平差，$r=1$，$Q_{V\hat{L}}=0$，$v_1-v_2+v_3-12=0$
(2)附有参数的条件平差，$r=1$，$u=1$，$v_1-v_2+v_3-12=0$，$v_2-\hat{x}=0$
(3)间接平差，$u=2$，$v_1=\hat{x}_1$，$v_2=\hat{x}_1-\hat{x}_2-12$，$v_3=-\hat{x}_2$
(4)附有限制条件的间接平差，$u=3$，$v_1=\hat{x}_2$，$v_2=\hat{x}_2-\hat{x}_2-12$，$v_3=-\hat{x}_3$，$\hat{x}_1-\hat{x}_2=0$

4.6.31
$n=7$，$t=4$，$r=3$

(1)附有参数的条件平差　　$\underset{6\,7}{A}\underset{7\,1}{V}+\underset{6\,3}{B}\underset{3\,1}{\hat{x}}+\underset{6\,1}{w}=0$

(2)间接平差　　$\underset{7\,1}{V}=\underset{7\,4}{B}\underset{4\,1}{\hat{x}}-\underset{7\,1}{l}$

(3)间接平差　　$\underset{7\,1}{V}=\underset{7\,4}{B}\underset{4\,1}{\hat{x}}-\underset{7\,1}{l}$

(4)附有限制条件的间接平差　　$\underset{7\,1}{V}=\underset{7\,5}{B}\underset{5\,1}{\hat{x}}-\underset{7\,1}{l}$

$\underset{1\,5}{C}\underset{5\,1}{\hat{x}}+\underset{1\,1}{w_x}=0$

(5)附有参数的条件平差　　$\underset{7\,1}{V}=\underset{7\,5}{B}\underset{5\,1}{\hat{x}}-\underset{7\,1}{l}$

$\underset{1\,5}{C}\underset{5\,1}{\hat{x}}+\underset{1\,1}{w_x}=0$

第 五 章

5.1.01
条件平差中求解的未知量是观测值的改正数。在条件方程 $AV+W=0$ 中，因为方程的个数小于未知量的个数，因此不能直接求得 V。

5.1.02
条件方程个数为 $n-t$，法方程个数为 $n-t$，改正数方程个数为 n。

5.1.03
$n=3$，$t=2$，$r=1$

$\hat{h}_1=h_1+\dfrac{S_1}{S_1+S_2+S_3}w$，$\hat{h}_2=h_2+\dfrac{S_2}{S_1+S_2+S_3}w$，$\hat{h}_3=h_3+\dfrac{S_3}{S_1+S_2+S_3}w$

式中：$w=H_B-(h_1+h_2+h_3+H_A)$

5.1.04
$n=4$，$t=2$，$r=2$

$\hat{h}_1+\hat{h}_3-\hat{h}_4+H_A-H_C=0$

$\hat{h}_1-\hat{h}_2+H_A-H_B=0$

$v_1+v_3-v_4-4\text{ mm}=0$

$v_1-v_2+2\text{mm}=0$

$k=\dfrac{1}{3}\begin{bmatrix}5\\-4\end{bmatrix}$, $v=[0.7\ \ 2.7\ \ 1.7\ \ -1.7]^T$mm, $\hat{L}=[-2.002\ \ -2.415\ \ 1.502\ \ 0.500]^T$m

5.1.05

(1) $V_1+V_3+V_5+12=0$ $V_2+V_4+V_5-8=0$

(2) $V=[-5.5\ \ 4.5\ \ -5.5\ \ 4.5\ \ -1]^T$(mm)

$\hat{L}=[1.6225\ \ 0.8255\ \ 0.7095\ \ 1.5065\ \ -2.332]^T$(m)

5.1.06

$n=3$, $t=2$, $r=1$

$\hat{h}_1=1.337(m)$, $\hat{h}_2=1.057(m)$, $\hat{h}_3=-2.394(m)$

5.1.07

$n=3$, $t=2$, $r=1$

(1) $V_1+V_2-V_3-42''=0$

(2) $\angle C$ 的平差值：$58°14'21''$

5.2.08

在平差问题中，如果用条件平差法平差，条件方程的个数是一定的，方程形式不唯一。

5.2.09

条件方程的列立要遵循以下原则(1)足数；(2)独立；(3)最简；控制网是用不同的几何图形构成的，不同的几何图形的条件方程有具体的规定，应用时可将控制网分解成不同的几何模型来综合考虑。

5.2.10

(a) $n=6$, $t=3$, $r=3$ (b) $n=6$, $t=3$, $r=3$ (c) $n=14$, $t=6$, $r=8$

5.2.11

(a) $n=13$, $t=6$, $r=7$

   共有7个条件方程，其中有5个图形条件，2个极条件。

(b) $n=14$, $t=8$, $r=6$

   共有6个条件方程，其中有3个图形条件，3个极条件。

(c) $n=16$, $t=8$, $r=8$

   共有8个条件方程，其中有6个图形条件，2个极条件。

(d) $n=12$, $t=6$, $r=6$

   共有6个条件方程，其中有4个图形条件，1个圆周条件，1个极条件。

5.2.12

(a) $n=21$, $t=9$, $r=12$

   共有12个条件方程，其中有7个图形条件，1个圆周条件，3个极条件，1个方位角条件。

(b) $n=16$, $t=8$, $r=8$

   共有8个条件方程，其中有6个图形条件，2个极条件。

(c) $n=13$, $t=5$, $r=8$

   共有8个条件方程，其中有5个图形条件，2个极条件，1个方位角条件。

（d）$n=12$，$t=6$，$r=6$

共有 6 个条件方程，其中有 1 个图形条件，1 个圆周条件，2 个极条件，2 个坐标条件。

5.2.13

（a）$n=5$，$t=3$，$r=2$

共有 2 个条件方程，其中有 1 个边长图形条件，1 个固定角条件。

（b）$n=21$，$t=9$，$r=12$

共有 12 个条件方程，其中有 7 个图形条件，3 个极条件，2 个边长条件。

（c）$n=11$，$t=8$，$r=3$

共有 3 个条件方程，其中有 1 个方位角条件，2 个坐标条件。

（d）$n=24$，$t=14$，$r=10$

共有 10 个条件方程，其中有 3 个方位角条件，6 个坐标条件，1 个圆周条件。

5.2.14

（a）$n=6$，$t=3$，$r=3$

$\hat{h}_1-\hat{h}_2+H_A-H_B=0$

$\hat{h}_1-\hat{h}_5+\hat{h}_6+H_A-H_C=0$

$\hat{h}_3+\hat{h}_4+\hat{h}_5=0$

（b）$n=8$，$t=3$，$r=5$

$\hat{h}_1-\hat{h}_5+\hat{h}_6=0$

$\hat{h}_2-\hat{h}_6+\hat{h}_7=0$

$\hat{h}_3-\hat{h}_7+\hat{h}_8=0$

$\hat{h}_4+\hat{h}_5-\hat{h}_8=0$

$\hat{h}_5-\hat{h}_7+H_A-H_B=0$

（c）$n=16$，$t=5$，$r=11$

$\hat{h}_1-\hat{h}_2+\hat{h}_8=0$

$\hat{h}_2-\hat{h}_3+\hat{h}_7=0$

$\hat{h}_3-\hat{h}_4-\hat{h}_6=0$

$\hat{h}_2-\hat{h}_4-\hat{h}_5=0$

$\hat{h}_8+\hat{h}_{10}-\hat{h}_{11}=0$

$\hat{h}_9+\hat{h}_{10}-\hat{h}_{12}=0$

$\hat{h}_{13}-\hat{h}_{15}-\hat{h}_{16}=0$

$\hat{h}_7+\hat{h}_{14}-\hat{h}_{15}=0$

$\hat{h}_7+\hat{h}_8-\hat{h}_9+\hat{h}_{16}=0$

$\tilde{h}_1-\tilde{h}_{10}+H_A-H_B=0$

$\hat{h}_{12}-\hat{h}_{13}+H_B-H_C=0$

5.2.15
$n=11$, $t=6$, $r=5$
共有5个条件方程，其中有4个图形条件：
$\hat{L}_1+\hat{L}_2+\hat{L}_3+\hat{L}_8-180°=0$
$\hat{L}_2+\hat{L}_3+\hat{L}_4+\hat{L}_5-180°=0$
$\hat{L}_4+\hat{L}_5+\hat{L}_6+\hat{L}_7-180°=0$
$\hat{L}_9+\hat{L}_{10}+\hat{L}_{11}-180°=0$
1个极条件（以P_2点为极）：

$$\frac{\sin(\hat{L}_1+\hat{L}_2)\sin\hat{L}_4\sin\hat{L}_6}{\sin\hat{L}_3\sin(\hat{L}_5+\hat{L}_6)\sin\hat{L}_1}-1=0$$

5.2.16
$n=14$, $t=6$, $r=8$
共有8个条件方程，其中有3个图形条件：
$\hat{L}_1+\hat{L}_2+\hat{L}_5+\hat{L}_{11}+\hat{L}_{12}-180°=0$
$\hat{L}_2+\hat{L}_5+\hat{L}_6+\hat{L}_7+\hat{L}_8-180°=0$
$\hat{L}_6+\hat{L}_7+\hat{L}_8+\hat{L}_9+\hat{L}_{10}-180°=0$
3个极条件：

大地四边形 AP_2P_3B 以 B 点为极：

$$\frac{\sin(\hat{L}_1+\hat{L}_2)\sin\hat{L}_6\sin\hat{L}_9}{\sin\hat{L}_5\sin(\hat{L}_7+\hat{L}_8+\hat{L}_9)\sin\hat{L}_1}-1=0$$

大地四边形 AP_1P_2B 以 P_1 点为极：

$$\frac{\sin(\hat{L}_1+\hat{L}_2+\hat{L}_3)\sin\hat{L}_4\sin\hat{L}_{11}}{\sin\hat{L}_3\sin(\hat{L}_4+\hat{L}_5)\sin\hat{L}_{12}}-1=0$$

大地四边形 $P_1P_2P_3B$ 以 P_1 点为极：

$$\frac{\sin(\hat{L}_4+\hat{L}_5)\sin\hat{L}_7\sin(\hat{L}_{10}+\hat{L}_{11})}{\sin(\hat{L}_4+\hat{L}_5+\hat{L}_6)\sin(\hat{L}_8+\hat{L}_9)\sin\hat{L}_{11}}-1=0$$

2个边长条件：

$AB-S_1$：$\dfrac{\hat{S}_1}{\sin(\hat{L}_{11}+\hat{L}_{12})}-\dfrac{S_{AB}}{\sin\hat{L}_5}=0$

$S_1 \sim S_2$：$\dfrac{S_1}{\sin(\hat{L}_7+\hat{L}_8)}-\dfrac{S_2}{\sin\hat{L}_2}=0$

5.2.17
（1）$n=22$，$t=10-1=9$，$r=13$；图形条件7个，圆周条件1个，极条件2个，边长条件2个，基线条件1个。

（2）$\hat{L}_1+\hat{L}_2+\hat{L}_8-180°=0$
$\hat{L}_3+\hat{L}_7+\hat{L}_9-180°=0$

$$\hat{L}_4+\hat{L}_{13}+\hat{L}_{14}-180°=0$$

$$\hat{L}_{12}+\hat{L}_{15}+\hat{L}_{20}-180°=0$$

$$\hat{L}_{11}+\hat{L}_{17}+\hat{L}_{18}+\hat{L}_{19}-180°=0$$

$$\hat{L}_5+\hat{L}_6+\hat{L}_{10}+\hat{L}_{16}-180°=0$$

$$\hat{L}_6+\hat{L}_{10}+\hat{L}_{11}+\hat{L}_{19}-180°=0$$

$$\hat{L}_9+\hat{L}_{10}+\hat{L}_{11}+\hat{L}_{12}+\hat{L}_{13}-360°=0$$

$$\frac{\sin\hat{L}_5\sin\hat{L}_{10}\sin\hat{L}_{17}\sin\hat{L}_{19}}{\sin\hat{L}_6\sin\hat{L}_{11}\sin\hat{L}_{16}\sin\hat{L}_{20}}=1\;(\text{以大地四边形中点为极})$$

$$\frac{\sin\hat{L}_3\sin\hat{L}_6\sin\hat{L}_{14}\sin\hat{L}_{18}}{\sin\hat{L}_4\sin\hat{L}_7\sin\hat{L}_{15}\sin\hat{L}_{19}}=1\;(\text{以中点四边形 }D\text{ 点为极})$$

$$\frac{S_{FG}}{\sin\hat{L}_{11}\sin\hat{L}_{15}}=\frac{\hat{S}_2}{\sin\hat{L}_{12}\sin\hat{L}_{17}}\;(S_{FG}\rightarrow\hat{S}_2\text{ 的边长条件})$$

$$\frac{\hat{S}_1}{\sin\hat{L}_{13}\sin\hat{L}_{18}}=\frac{\hat{S}_2}{\sin\hat{L}_{12}\sin\hat{L}_4}\;(\hat{S}_1\rightarrow\hat{S}_2\text{ 的边长条件})$$

$$\frac{\sin\hat{L}_1\sin\hat{L}_3\sin\hat{L}_6\sin\hat{L}_{11}}{\sin\hat{L}_8\sin\hat{L}_9\sin\hat{L}_{17}\sin\hat{L}_{19}}=\frac{S_{FG}}{S_{AB}}\;(\text{基线条件})$$

5.2.18

$n=5$, $t=2$, $r=3$

$$v_1+v_2+v_3+L_1+L_2+L_3-180°=0$$

$$v_3-v_4+v_5+L_3-L_4+L_5=0$$

$$v_2+v_4+\alpha_{BA}+L_2+L_4-\alpha_{CP}\pm n\times180°=0$$

线性化的条件方程为：

$$\cot L_1 v_1-\cot L_2 v_2+\cot L_3 v_3-\cot L_8 v_8+\cot L_9 v_9-\cot L_{10}v_{10}+\cot L_{11}v_{11}-\cot L_{12}v_{12}$$
$$+\rho''\left(1-\frac{\sin L_2\sin L_8\sin L_{10}\sin L_{12}}{\sin L_1\sin L_3\sin L_9\sin L_{11}}\right)=0$$

5.2.19

$n=11$, $t=6$, $r=5$；有 4 个图形条件，1 个极条件。

$$V_1+V_9+V_{10}+V_{11}+W_1=0$$

$$V_2+V_3+V_8+W_2=0$$

$$V_4+V_5+V_6+V_7+W_3=0$$

$$V_6+V_7+V_8+V_9+V_{10}+W_4=0$$

$$\cot L_1 V_1-\cot L_2 V_2+\cot L_3 V_3-\cot L_4 V_4+\cot(L_5+L_6)V_5$$
$$+[\cot(L_5+L_6)-\cot L_6]V_6+[\cot L_{10}-\cot(L_{10}+L_{11})]V_{10}$$
$$-\cot(L_{10}+L_{11})V_{11}+W_5=0$$

其中：

$$W_1=L_1+L_9+L_{10}+L_{11}-180°$$

$$W_2 = L_2 + L_3 + L_8 - 180°$$
$$W_3 = L_4 + L_5 + L_6 + L_7 - 180°$$
$$W_4 = L_6 + L_7 + L_8 + L_9 + L_{10} - 180°$$
$$W_5 = \rho'' \left(1 - \frac{\sin L_2 \sin L_4 \sin L_6 \sin(L_{10} + L_{11})}{\sin L_1 \sin L_3 \sin L_{10} \sin(L_5 + L_6)}\right)$$

5.2.20

$n=13$,$t=6$,$r=7$；5 个图形条件，2 个极条件，1 个边长条件。

$$V_1 + V_2 + V_3 + V_{13} + W_1 = 0$$
$$V_4 + V_5 + V_6 + V_7 + V_{12} + W_2 = 0$$
$$V_1 + V_7 + V_{12} + V_{13} + W_3 = 0$$
$$V_4 + V_{10} + V_{11} + V_{12} + W_4 = 0$$
$$V_8 + V_9 + V_{10} + V_{11} + W_5 = 0$$
$$\cot(L_1 + L_2)V_1 + [\cot(L_2) - \cot(L_1 + L_2)]V_2$$
$$+ [\cot(L_6 + L_7) - \cot L_6]V_6 + \cot(L_6 + L_7)V_7 - \cot L_{12} V_{12} + \cot L_{13} V_{13} + W_6 = 0 \text{(以 } P_1 \text{ 点为极)}$$
$$\cot(L_4 + L_5)V_4 + [\cot(L_4 + L_5) - \cot L_5]V_5$$
$$+ [\cot(L_9) - \cot(L_9 + L_{10})]V_9 - \cot(L_9 + L_{10})V_{10}$$
$$+ \cot L_{11} V_{11} - \cot L_{12} V_{12} + W_7 = 0 \text{(以 } B \text{ 点为极)}$$
$$\frac{\rho}{S} V_S - \cot L_1 V_1 - \cot L_8 V_8 + \cot(L_9 + L_{10}) V_9 + \cot(L_9 + L_{10}) V_{10} + \cot(L_{12} + L_{13}) V_{12} +$$
$$\cot(L_{12} + L_{13}) V_{13} + W_8 = 0$$

其中：$W_1 = L_1 + L_2 + L_3 + L_{13} - 180°$
$W_2 = L_4 + L_5 + L_6 + L_7 + L_{12} - 180°$
$W_3 = L_1 + L_7 + L_{12} + L_{13} - 180°$
$W_4 = L_4 + L_{10} + L_{11} + L_{12} - 180°$
$W_5 = L_8 + L_9 + L_{10} + L_{11} - 180°$
$$W_6 = \rho'' \left(1 - \frac{\sin(L_6 + L_7) \sin L_2 \sin L_{13}}{\sin(L_1 + L_2) \sin L_6 \sin L_{12}}\right)$$
$$W_7 = \rho'' \left(1 - \frac{\sin(L_9 + L_{10}) \sin L_5 \sin L_{12}}{\sin(L_4 + L_5) \sin L_9 \sin L_{11}}\right)$$
$$W_8 = \rho'' \left(1 - \frac{AB \cdot \sin L_1 \sin L_8}{S \cdot \sin(L_9 + L_{10}) \sin(L_{12} + L_{13})}\right)$$

5.2.21

$n=8$，$t=4$，$r=4$；有多种条件方程的列法，其中之一为：

$$\begin{bmatrix} 1 & 0 & 0 & 1 & 0 & 0 & 0 & 1 \\ 0 & 1 & 1 & 0 & 0 & 0 & 0 & -1 \\ 0 & 0 & 1 & 0 & 0 & -1 & 1 & 0 \\ 0 & 0 & 0 & 0 & -1 & -1 & 0 & 1 \end{bmatrix} V - \begin{bmatrix} 0 \\ 2 \\ -4 \\ -4 \end{bmatrix} = 0$$

注：常数项单位为 mm。

5.2.22

$n=4$，$t=2$，$r=2$。

设 α_1、α_2、α_3 的改正数为 V_1、V_2、V_3，S 的改正数为 V_S。

$$\frac{1}{\rho}\cot(180°+\alpha_1-\alpha_2)V_1+\frac{1}{\rho}[\cot(180°+\alpha_1-\alpha_2)-\cot(\alpha_2-\alpha_{AB})]V_2+\frac{1}{S}V_S+W_1=0$$

$$V_1-V_3+W_2=0$$

其中：$W_1=1-\dfrac{S_{AB}\cdot\sin(\alpha_2-\alpha_{AB})}{S\cdot\sin(\alpha_1-\alpha_2)}$

$\qquad W_2=\alpha_1-\alpha_3-180°$

5.2.23

$n=7$，$t=4$，$r=3$

$V_1+V_6+V_7-3''=0$

$V_2+V_3+V_4+V_5+5''=0$

$-1.125V_1-0.011V_2-0.817V_3+1.498V_4+0.339V_5+0.872V_6+2''=0$

5.2.24

因为方案 1 中，$n=3N$，$t=2(N+1)-4$，$r=3N-(2N-2)=N+2$。

方案 2 中，$n=3N+1$，$t=2(N+1)-3$，$r=N+2$，所以，应相等。

5.2.25

（1）$r=3$

（2）条件方程：$\hat{\alpha}-(\alpha_{AC}-\alpha_{AB})=0$，$\hat{\beta}-(\alpha_{CD}-\alpha_{CA})=0$，$\hat{S}_1+\hat{S}_2-(Y_C-Y_A)=0$

5.2.26

（1）$n=11$，$t=6+3=9$，$r=2$

（2）$\hat{L}_2-\hat{L}_3+\hat{L}_6-\hat{L}_7+\hat{L}_8-\hat{L}_{10}-180°=0$

$$\frac{\sin(\hat{L}_9-\hat{L}_8)\sin(\hat{L}_4-\hat{L}_2)\sin(\hat{L}_6-\hat{L}_5)}{\sin(\hat{L}_7-\hat{L}_5)\sin(\hat{L}_{10}-\hat{L}_9)\sin(\hat{L}_4-\hat{L}_3)}-1=0$$

5.2.27

$n=8$，$t=5$，$r=3$（即 3 个直角条件）

$19.52V_{X_1}-6.83V_{Y_1}-19.48V_{X_2}-0.06V_{Y_2}-0.04V_{X_4}+6.89V_{Y_4}+0.73=0$

$-19.54V_{X_1}+0.06V_{Y_1}+19.50V_{X_2}+6.83V_{Y_2}+0.04V_{X_3}-6.89V_{Y_3}-2.39=0$

5.2.28

$$-\frac{\Delta Y_{ij}}{S_{ij}^2}v_{x_j}+\frac{\Delta X_{ij}}{S_{ij}^2}v_{y_j}+\frac{\Delta Y_{ij}}{S_{ij}^2}v_{x_i}-\frac{\Delta X_{ij}}{S_{ij}^2}v_{y_i}+\frac{\Delta Y_{kl}}{S_{kl}^2}v_{x_l}-\frac{\Delta X_{kl}}{S_{kl}^2}v_{y_l}-\frac{\Delta Y_{kl}}{S_{kl}^2}v_{x_k}+\frac{\Delta X_{kl}}{S_{kl}^2}v_{y_k}+\arctan\frac{Y_{ij}}{X_{ij}}-\arctan\frac{Y_{kl}}{X_{kl}}=0$$

5.2.29

用条件平差：

$\hat{L}_1\hat{L}_2-70.2=0$

$L_2v_1+L_1v_2+L_1L_2-70.2=0$

$7.5v_1+9.4v_2+0.30=0$

$A=[7.5\ \ 9.4]$，$AA^{\mathrm{T}}=144.61$

$K=-\dfrac{1}{144.61}\times 0.30=-0.002\ 074$

$V=\begin{bmatrix}-0.015\ 6\\-0.019\ 5\end{bmatrix}$，$\hat{L}=\begin{bmatrix}9.384\ 4\\7.480\ 5\end{bmatrix}$

$S = \sqrt{\hat{L}_1^2 + \hat{L}_2^2} = 12.00 \text{cm}$

5.3.30

可以，法方程 $N_{AA}K + W = 0$，单位权方差分子 $V^TPV = -W^TK$。

5.3.31

(1) 减小　　(2) $Q_{\hat{L}\hat{L}} = Q - QA^T N_{AA}^{-1} AQ$

5.3.32

$n = 6$, $t = 4$, $r = 2$

条件方程：$v_1 + v_2 + v_3 + w_1 = 0$, $v_4 + v_5 + v_6 + w_2 = 0$

$N_{AA} = \begin{bmatrix} 3 & 0 \\ 0 & 3 \end{bmatrix}$, $N_{AA}^{-1} = \dfrac{1}{3}\begin{bmatrix} 1 & 0 \\ 0 & 1 \end{bmatrix}$

$Q_{\hat{L}\hat{L}} = \begin{bmatrix} 1 & & & & & \\ & 1 & & & & \\ & & 1 & & & \\ & & & 1 & & \\ & & & & 1 & \\ & & & & & 1 \end{bmatrix} - \dfrac{1}{3}\begin{bmatrix} 1 & 0 \\ 1 & 0 \\ 1 & 0 \\ 0 & 1 \\ 0 & 1 \\ 0 & 1 \end{bmatrix} \begin{bmatrix} 1 & 1 & 1 & 0 & 0 & 0 \\ 0 & 0 & 0 & 1 & 1 & 1 \end{bmatrix}$

$= \dfrac{1}{3}\begin{bmatrix} 2 & -1 & -1 & & & \\ -1 & 2 & -1 & & & \\ -1 & -1 & 2 & & & \\ & & & 2 & -1 & -1 \\ & & & -1 & 2 & -1 \\ & & & -1 & -1 & 2 \end{bmatrix}$

$\hat{X} = \angle ABC = \hat{L}_2 + \hat{L}_5 = \begin{bmatrix} 0 & 1 & 0 & 0 & 1 & 0 \end{bmatrix} \hat{L}$

$Q_{\hat{X}} = \begin{bmatrix} 0 & 1 & 0 & 0 & 1 & 0 \end{bmatrix} Q_{\hat{L}\hat{L}} \begin{bmatrix} 0 \\ 1 \\ 0 \\ 0 \\ 1 \\ 0 \end{bmatrix} = \dfrac{4}{3}$

所以，$P_{\hat{X}} = \dfrac{3}{4}$

5.3.33

因为 $A = \begin{bmatrix} 1 & 1 & 1 \end{bmatrix}$

$Q_{\hat{L}\hat{L}} = Q - QA^T N_{AA}^{-1} AQ = \dfrac{1}{3}\begin{bmatrix} 2 & -1 & -1 \\ -1 & 2 & -1 \\ -1 & -1 & 2 \end{bmatrix}$

(1) $P_A = \dfrac{3}{2}$

(2) 相等，因为 $Q_{F_1} = \dfrac{2}{3}$, $Q_{F_2} = \begin{bmatrix} 0 & -1 & -1 \end{bmatrix} Q_{\hat{L}\hat{L}} \begin{bmatrix} 0 & -1 & -1 \end{bmatrix}^T = \dfrac{2}{3}$

（3）设平差前 A 角的权为 P'_A，平差后为 P_A，$\dfrac{P'_A}{P_A}=\dfrac{2}{3}$

（4）$\dfrac{1}{P_\Sigma}=0$

（5）平差后三内角之和等于真值，其权无穷大，即权倒数为零。

5.3.34

$\dfrac{1}{P_{\angle AOB}}=\dfrac{2}{3}$ $P_{\angle AOB}=\dfrac{3}{2}$

5.3.35

（1）$P=\dfrac{3}{2}$ （2）$P=1$

5.3.36

（1）$P_B=1.6$，$P_C=2.1$，$P_D=2.1$，$P_E=1.6$

（2）$P_{h_{CD}}=1.8$

5.3.37

（1）$F=CD=AB\dfrac{\sin\hat{L}_1\sin\hat{L}_3\sin\hat{L}_{13}}{\sin\hat{L}_{11}\sin\hat{L}_4\sin\hat{L}_6}$

$\mathrm{d}F=\rho''\dfrac{\mathrm{d}CD}{CD}=\cot\hat{L}_1\mathrm{d}\hat{L}_1+\cot\hat{L}_3\mathrm{d}\hat{L}_3-\cot\hat{L}_4\mathrm{d}\hat{L}_4+\cot\hat{L}_6\mathrm{d}\hat{L}_6-\cot\hat{L}_{11}\mathrm{d}\hat{L}_{11}+\cot\hat{L}_{13}\mathrm{d}\hat{L}_{13}$

（2）$\mathrm{d}F=v_8$

5.3.38

$F=BD=AC\dfrac{\sin\hat{L}_4\sin(\hat{L}_1+\hat{L}_8)}{\sin(\hat{L}_2+\hat{L}_3)\sin\hat{L}_7}$

$\mathrm{d}F=\rho''\dfrac{\mathrm{d}BD}{BD}=-0.813\mathrm{d}\hat{L}_1-0.932\mathrm{d}\hat{L}_2-0.932\mathrm{d}\hat{L}_3+0.369\mathrm{d}\hat{L}_4-1.929\mathrm{d}\hat{L}_7-0.813\mathrm{d}\hat{L}_8$

5.3.39

证：设 h_1 距离为 S_1，权为 p_1；则设 h_2 距离为 $S-S_1$，

$p_1=\dfrac{1}{S_1}$，$p_2=\dfrac{1}{S-S_1}$，

1 个条件方程：$v_1-v_2+w=0$

$N_{AA}=S$，平差后 $\hat{h}_1$、$\hat{h}_2$ 的协因数 $Q_{\hat{h}_1}=S_1-\dfrac{1}{S}S_1^2$，$Q_{\hat{h}_2}=S-S_1-\dfrac{1}{S}(S_1-S)^2$

$\dfrac{\mathrm{d}Q_{\hat{h}_1}}{\mathrm{d}S_1}=1-\dfrac{2}{S}S_1=0$，$S_1=\dfrac{1}{2}S$

$\dfrac{\mathrm{d}Q_{\hat{h}_2}}{\mathrm{d}S_1}=-1-\dfrac{2}{S}(S_1-S)=0$，亦可得 $S_1=\dfrac{1}{2}S$，所以最弱点在路线中间

得证。

5.3.40

（1）$V=-QA^TN_{AA}^{-1}AL$，$F=f^T(L-QA^TN_{AA}^{-1}AL)=f^T(I-QA^TN_{AA}^{-1}A)L$，$Q_{FF}=f^T(I-QA^TN_{AA}^{-1}A)Q(I-A^TN_{AA}^{-1}AQ)f=f^TQf-f^TQA^TN_{AA}^{-1}AQf$

(2) $Q_{FV}=f^T(I-QA^TN_{AA}^{-1}A)QA^TN_{AA}^{-1}AQ=f^TQA^TN_{AA}^{-1}AQ-f^TQA^TN_{AA}^{-1}AQ=0$，得证。

5.4.41

可以，当网形及观测路线或方向确定后，通过设定待定点平差后的高程为参数，就可以列出误差方程的系数阵 B，根据系数阵就可计算参数的协因数阵 $Q_{\hat{X}\hat{X}}=(B^TPB)^{-1}$，比较矩阵主对角线上的数字，最大者即为精度最弱点。

5.4.42

$\hat{h}=[2.4998\quad 1.9998\quad 1.3518\quad 1.8515]^T$m，$\sigma_{P_2}=0.32(\text{mm})$

5.4.43

$$\begin{bmatrix}1 & 1 & 1 & 0 & 0 & 0\\1 & 0 & 0 & 1 & 1 & 0\\0 & 1 & 0 & -1 & 0 & 1\end{bmatrix}\begin{bmatrix}V_1\\V_2\\V_3\\V_4\\V_5\\V_6\end{bmatrix}+\begin{bmatrix}-9\\9\\-6\end{bmatrix}=0$$

$V=[0\quad 4\quad 5\quad -4\quad -5\quad -2]^T$mm

$\hat{h}=[1.576\quad 2.219\quad -3.795\quad 0.867\quad -2.443\quad -1.352]^T$m

5.4.44

(1) $\hat{h}_1=10.3556$m $\hat{h}_2=15.0028$m

$\hat{h}_3=20.3556$m $\hat{h}_4=14.5008$m

$\hat{h}_5=4.6472$m $\hat{h}_6=5.8548$m

$\hat{h}_7=10.5020$m

(2) $\hat{\sigma}_F=\pm 2.2$mm

5.4.45

(1) 各高差的平差值为：

$\hat{h}_1=189.4006$m $\hat{h}_5=273.5108$m

$\hat{h}_2=736.9806$m $\hat{h}_6=187.2495$m

$\hat{h}_3=376.6501$m $\hat{h}_7=274.0693$m

$\hat{h}_4=547.5801$m $\hat{h}_8=86.2612$m

(2) $\hat{\sigma}_{F_1}=\pm 15.6$mm

(3) $\hat{\sigma}_{F_2}=\pm 15.4$mm

5.5.46

$\hat{L}_3=\dfrac{1}{5}(900+2L_3-L_1-L_2-2L_4)$

5.5.47

$\hat{S}=45.06(\text{cm})^2$，$\sigma_S=0.67(\text{cm}^2)$

5.5.48

解：(1) $n=3$, $t=2$, $r=1$

令 $\sigma_0 = 10''$, $p_1 = \frac{100}{4}\left(\frac{''}{cm}\right)^2$, $p_2 = \frac{100}{9}\left(\frac{''}{cm}\right)^2$, $p_\beta = 1$

$$Q = \begin{bmatrix} 1 & & \\ & \frac{4}{100} & \\ & & \frac{9}{100} \end{bmatrix}$$

条件方程：$\hat{S}_1 \sin\hat{\beta} - \hat{S}_2 = 0$

$S_1 \cos\beta v_\beta/\rho + \sin\beta v_1 - v_2 + S_1 \sin\beta - S_2 = 0$

$0.0739 v_\beta + 0.7071 v_1 - v_2 + 4.58 = 0$

$N_{AA} = 0.1155$, $k = -4.58/0.1155 = -39.663$

$$V = QA^T k = -\begin{bmatrix} 0.0739 \\ 0.0283 \\ -0.09 \end{bmatrix} \times 39.663 = \begin{bmatrix} -2.93 \\ -1.12 \\ 3.57 \end{bmatrix}$$

$\hat{\beta} = 44°59'57.07''$, $\hat{S}_1 = 215.4538$, $\hat{S}_2 = 152.3467$

(2) $\hat{X}_C = 152.3467$,

$\hat{Y}_C = 152.3510$

5.5.49

(1) 条件方程为：

$v_1 + v_2 + v_3 + 20'' = 0$

$0.0365 v_2 - 0.0186 v_3 + 0.832 v_{S_1} - 0.947 v_{S_2} + 3.20 \text{cm} = 0$

(2) 观测值的平差值为：

$\hat{\beta}_1 = 52°30'13.61''$, $\hat{\beta}_2 = 56°18'11.82''$, $\hat{\beta}_3 = 71°11'34.53''$

$\hat{S}_1 = 135.6062 \text{ m}$, $\hat{S}_2 = 119.1487 \text{m}$

5.5.50

(1) 共有 4 个条件方程式：

①正弦条件：$\dfrac{\hat{S}_3}{\sin(\hat{\beta}_1 + \hat{\beta}_2 + \hat{\beta}_3)} - \dfrac{\hat{S}_4}{\sin(\hat{\beta}_3 + \hat{\beta}_4)} = 0$

②正弦条件：$\dfrac{\hat{S}_1}{\sin\hat{\beta}_3} - \dfrac{\hat{S}_2}{\sin\hat{\beta}_1} = 0$

③余弦条件：$\hat{\beta}_1 - \arccos\dfrac{\hat{S}_1^2 + \hat{S}_5^2 - \hat{S}_2^2}{2\hat{S}_1\hat{S}_5} = 0$

④余弦条件：$\hat{\beta}_3 + \hat{\beta}_4 - \arccos\dfrac{\hat{S}_2^2 + \hat{S}_3^2 - \hat{S}_4^2}{2\hat{S}_2\hat{S}_3} = 0$

线性条件为：

①$0.995 v_{S_3} - 0.640 v_{S_4} + 1.594 v_{\beta_1} + 1.594 v_{\beta_2} + 1.467 v_{\beta_3} - 0.127 v_{\beta_4} - 2.488 = 0$

② $0.860v_{S_1} - 0.599v_{S_2} + 0.522v_{\beta_1} - 1.174v_{\beta_3} - 1.024 = 0$
③ $0.984v_{S_2} - 0.104v_{S_5} - 0.788v_{S_5} - v_{\beta_1} + 0.97 = 0$
④ $1.065v_{S_4} - 0.819v_{S_2} - 0.757v_{S_3} - v_{\beta_3} - v_{\beta_4} - 3.53 = 0$

(2) 观测值的改正数及平差值为：

$V_S = [-14.3 \quad -9.9 \quad 25.3 \quad 13.5 \quad -16.1]^T (\text{cm})$

$V_\beta = [0.6 \quad 0.8 \quad 0.5 \quad -0.4]^T ('')$

$\hat{S}_{5.1} = [2\,107.685 \quad 3\,024.627 \quad 2\,751.342 \quad 4\,278.501 \quad 3\,498.951]^T (\text{m})$

$\hat{\beta}_{4.1} = [59°16'6.6'' \quad 44°07'56.8'' \quad 36°47'50.5'' \quad 58°40'25.6'']^T$

5.5.51

(1) 条件方程为：

$$\frac{\hat{S}_1}{\sin 90°} - \frac{\hat{S}_2}{\sin \hat{\beta}} = 0$$

线性条件为：

$$0.486v_{S_1} - v_{S_2} + 0.176v_\beta - 1.085 = 0$$

观测值的平差值为：

$$\hat{S}_1 = 416.055\text{m}, \quad \hat{S}_2 = 202.110\text{m}, \quad \hat{\beta} = 29°03'48.0''$$

(2) 平差值 $\hat{L} = [\hat{S}_1 \quad \hat{S}_2 \quad \hat{\beta}]^T$ 的协因数阵与协方差阵分别为：

$$Q_{\hat{L}} = \begin{bmatrix} 0.7837 & 0.1602 & -1.2534 \\ 0.1602 & 0.2413 & 0.9284 \\ -1.2535 & 0.9285 & 8.7370 \end{bmatrix}, \quad D_{\hat{L}} = \begin{bmatrix} 5.88 & 1.2015 & -9.4005 \\ 1.2015 & 1.8098 & 6.963 \\ -9.4005 & 6.963 & 65.5275 \end{bmatrix}$$

5.5.52

(1) $\hat{L} = \begin{bmatrix} \hat{\beta}_1 \\ \hat{\beta}_2 \\ \hat{\beta}_3 \\ \hat{S}_1 \\ \hat{S}_2 \end{bmatrix} = \begin{bmatrix} 17°11'19.8'' \\ 119°10'37.3'' \\ 43°38'03.0'' \\ 1\,410.597\text{m} \\ 1\,110.091\,5\text{m} \end{bmatrix}$

(2) $\hat{X}_A = 549.314\text{m}$
$\hat{Y}_A = -14.493\text{m}$
$\hat{X} = \begin{bmatrix} \hat{X}_A \\ \hat{Y}_A \end{bmatrix}$

$$D_{\hat{X}} = \begin{bmatrix} 87.30^2 & 92.06 \\ 92.06 & 29.22^2 \end{bmatrix} (\text{mm}^2)$$

5.5.53

条件方程系数阵：

1.0000	1.0000	1.0000	1.0000	0.0000	0.0000	0.0000
3.6203	2.6347	1.6723	0.0000	0.1269	0.1272	-0.0356
0.1900	0.0638	-0.0595	0.0000	-0.9919	-0.9919	-0.9994

条件方程常数项阵：

−14.00
−30.47
−14.12
法方程系数阵：
4.000 0　7.927 2　0.194 3
7.927 2　22.914 1　0.368 6
0.194 3　0.368 6　7.476 3
法方程常数项阵：
−14.00
−30.47
−14.12
观测值改正数(角″)：
−4.38　−3.78　−3.19　−2.66
观测值改正数(边 mm)：
3.56　3.48　6.26
观测值平差值(角″)：
230°32′33″　180°00′38″　170°39′19″　236°48′34″
观测值平差值(边 m)：
204.956　200.133　345.159
5.5.54
条件方程系数阵：

1.000 0　1.000 0　1.000 0　1.000 0　1.000 0　0.000 0　0.000 0　0.000 0　0.000 0
−1.686 6　−1.280 8　−0.850 6　−0.498 7　0.000 0　0.813 3　−0.703 0　0.923 3　−0.481 2
0.713 8　0.146 7　0.572 0　−0.273 7　0.000 0　0.581 9　0.711 2　0.384 2　0.876 6

条件方程常数项阵：
−12.90
21.16
9.81
法方程系数阵：
5.000 0　−4.316 7　1.158 8
−4.316 7　8.907 6　−1.509 9
1.158 8　−1.509 9　3.231 8
法方程常数项阵：
−12.90
21.16
9.81
观测值改正数(角″)：
2.27　3.98　0.94　4.10　1.60
观测值改正数(边 mm)：
−6.77　−2.09　−7.62　−3.51

观测值平差值(角″):
74.103 23 279.051 60 67.552 99 276.101 51 80.234 76
观测值平差值(边 m):
143.818 124.775 188.942 117.334

5.5.55
(1)条件方程:
$$v_1+v_2+v_3+v_4+v_5-19''=0 \tag{a}$$
$$2.668v_2+1.364v_3+0.205v_4-0.730v_{S_1}+0.063v_{S_2}+0.481v_{S_3}+0.995v_{S_4}-11\text{mm}=0 \tag{b}$$
$$2.850v_2+2.767v_3+2.131v_4+0.683v_{S_1}-0.998v_{S_2}-0.877v_{S_3}-0.096v_{S_4}-45\text{mm}=0 \tag{c}$$

(2)改正数: $V_\beta=[1.47\ \ 2.52\ \ 5.94\ \ 7.60\ \ 1.47]^T('')$
$V_S=[3.14\ \ -1.31\ \ -1.75\ \ -1.80]^T(\text{mm})$

平差值: $\hat{\beta}=[92°49'44''\ \ 316°44'00''\ \ 205°08'22''\ \ 235°44'46''\ \ 229°33'05'']^T$
$\hat{S}=[805.194\ \ 269.485\ \ 272.716\ \ 441.594]^T(\text{m})$

(3)导线点的坐标平差值:

$\hat{X}_2=1\ 684.140\text{m}$, $\hat{Y}_2=5\ 621.517\text{m}$; $\sigma_{X_2}=12.2\text{mm}$, $\sigma_{Y_2}=12.2\text{mm}$

$\hat{X}_3=1\ 701.201\text{m}$, $\hat{Y}_3=5\ 352.573\text{m}$; $\sigma_{X_3}=7.2\text{mm}$, $\sigma_{Y_3}=11.8\text{mm}$

$\hat{X}_4=1\ 832.471\text{m}$, $\hat{Y}_4=5\ 113.524\text{m}$; $\sigma_{X_4}=9.1\text{mm}$, $\sigma_{Y_4}=9.1\text{mm}$

5.5.56
条件方程系数阵:
1.000 0 1.000 0 1.000 0 1.000 0 1.000 0 1.000 0 1.000 0 0.000 0
0.000 0 0.000 0 0.000 0 0.000 0 0.000 0
0.000 0 -0.312 9 -0.053 7 0.513 4 0.943 6 0.660 0 0.000 0 -0.760 7
-0.868 8 -0.218 7 0.686 1 0.924 8 -0.216 9
-0.000 1 0.366 6 0.821 3 0.948 4 0.542 6 -0.146 7 0.000 0
-0.649 1 0.495 2 0.975 8 0.727 5 -0.380 5 -0.976 2

条件方程常数项阵:
-7.00
-12.89
-8.00

法方程系数阵:
7.000 0 1.750 4 2.532 2
1.750 4 4.052 8 0.836 3
2.532 2 0.836 3 4.817 3

法方程常数项阵:
-7.00
-12.89
-8.00

观测值改正数(角″):

−0.20　−0.69　0.66　2.52　3.31　1.60　−0.20

观测值改正数(边 mm)：

−2.14　−1.50　0.46　2.52　2.47　−1.81

观测值平差值(角″)：

L=[230°28′50″　109°50′39″　132°18′51″　124°02′38″　110°57′54″　99°49′58″　272°31′11″]

观测值平差值(边 m)：

S=[99.430　107.937　119.875　121.973　153.741　139.450]

5.5.57

(1)条件方程为：

$$v_1+v_2+v_3+v_4+v_5+v_6+v_7+v_8+v_9-19''=0 \quad (a)$$

$$1.148v_2+2.399v_3+2.599v_4+3.749v_5+2.668v_6+1.364v_7+0.205v_8+0.331v_{S_1}+0.103v_{S_2}-0.993v_{S_3}-0.668v_{S_4}-0.508v_{S_5}+0.063v_{S_6}+0.481v_{S_7}+0.995v_{S_8}+3.2\text{mm}=0 \quad (b)$$

$$-0.403v_2-0.532v_3+1.182v_4+2.213v_5+2.850v_6+2.767v_7+2.131v_8+0.944v_{S_1}+0.995v_{S_2}+0.116v_{S_3}+0.744v_{S_4}-0.862v_{S_5}-0.998v_{S_6}-0.877v_{S_7}-0.096v_{S_8}-5.7\text{mm}=0 \quad (c)$$

(2)改正数：

V_β=[2.00　2.81　1.42　0.70　−0.90　0.14　1.65　3.15　2.00]^T(″)

V_S=[−1.98　−1.25　3.78　1.81　2.55　0.67　−0.93　−4.17]^T(mm)

平差值：

$\hat{\beta}$=[26°35′56″　193°26′01″　269°15′25″　138°32′09″　287°36′27″　214°07′46″　205°08′30″　235°44′35″　229°33′07″]^T

$\hat{S}$=[250.870　259.453　355.890　318.660　258.778　269.485　272.718　441.594]^T(m)

(3)各导线点的坐标平差值：

点　号	$\hat{X}$/m	$\hat{Y}$/m
2	2 355.093 2	5 308.055 1
3	2 381.755 9	5 564.134 2
4	2 028.254 3	5 607.294 3
5	1 815.466 0	5 844.497 2
6	1 684.133 5	5 621.521 6
7	1 701.202 1	5 352.578 1
8	1 832.472 3	5 113.531 5
A(B)	2 272.045	5 071.330

σ_{X_2}=3.9mm，σ_{Y_2}=6.0mm；σ_{X_3}=7.6mm，σ_{Y_3}=8.3mm；σ_{X_4}=9.8mm，σ_{Y_4}=8.4mm；σ_{X_5}=14.0mm，σ_{Y_5}=10.4mm；σ_{X_6}=10.3mm，σ_{Y_6}=11.6mm；σ_{X_7}=7.4mm，

$\sigma_{Y_7}=10.1 \text{mm}$；$\sigma_{X_8}=6.4 \text{mm}$，$\sigma_{Y_8}=6.5 \text{mm}$

5.5.58

点号	1	2	3	4	5	6
$\hat{X}/\text{m}$	4 579.442	4 577.892	4 569.502	4 570.296	4 571.234	4 572.989
$\hat{Y}/\text{m}$	2 595.156	2 602.806	2 601.107	2 597.184	2 597.374	2 593.646
$\hat{\sigma}_P/\text{m}$	0.083	0.084	0.081	0.076	0.074	0.079

5.5.59

条件方程系数阵：

-1　0　0　1　0　0　-1　0　0　0　0　0　0　0
0　-1　0　0　1　0　0　-1　0　0　0　0　0　0
0　0　-1　0　0　1　0　0　-1　0　0　0　0　0
0　0　0　0　0　1　0　0　-1　0　0　1　0　0
0　0　0　0　0　0　1　0　0　-1　0　0　1　0
0　0　0　0　0　0　0　1　0　0　-1　0　0　1

条件方程常数项阵：

9.9

10.8

-0.7

23.2

-13.2

-12.7

法方程系数阵：

0.029 194	-0.012 057	-0.008 394	-0.009 375	0.004 329	0.002 783
-0.012 057	0.071 703	0.025 163	0.004 329	-0.022 359	-0.008 124
-0.008 394	0.025 163	0.023 362	0.002 783	-0.008 124	-0.007 655
-0.009 375	0.004 329	0.002 783	0.032 795	-0.005 007	-0.007 843
0.004 329	0.022 359	-0.008 124	-0.005 007	0.091 219	0.026 785
0.002 783	-0.008 124	-0.007 655	-0.007 843	0.026 785	0.023 329

联系数 $K=[574.518\ 7\quad 449.454\ 2\quad -824.234\ 7\quad 761.416\ 2\quad 67.660\ 9\quad -548.569\ 3]$

改正数 $V=[-6.3\quad -1.9\quad 1.9\quad 6.2\quad 1.8\quad -1.9\quad 2.6\quad -7.1\quad -3.1\quad -10.3\quad 3.0\quad 4.8\quad 10.2\quad -3.2\quad -4.8](\text{mm})$

编号	起点	终点	基线向量平差值/m		
			X	Y	Z
1	1	2	85.475 0	-59.595 0	120.197 0
2	1	3	2 398.073 6	-719.803 2	2 624.227 3
3	2	3	2 312.598 6	-660.208 3	2 504.030 1
4	2	4	2 057.647 3	-645.285 4	2 265.711 3

| 5 | 3 | 4 | −254.951 4 | 14.922 8 | −238.309 0 |

5.5.60

$\hat{x}^2+\hat{y}^2=r^2$，列 2 个条件方程：

$2\hat{x}_1 v_{x_1}+2\hat{y}_1 v_{y_1}-2\hat{x}_2 v_{x_2}-2\hat{y}_2 v_{y_2}+(x_1^2+y_1^2-x_2^2-y_2^2)=0$,

$2\hat{x}_1 v_{x_1}+2\hat{y}_1 v_{y_1}-2\hat{x}_3 v_{x_3}-2\hat{y}_3 v_{y_3}+(x_1^2+y_1^2-x_3^2-y_3^2)=0$,

$-2.7v_{x_1}+4.2v_{y_1}-1.5v_{x_2}-4.6v_{y_2}+1.185=0$,

$-2.7v_{x_1}+4.2v_{y_1}-3.8v_{x_3}-3.1v_{y_3}+0.865=0$,

$AA^T=\begin{bmatrix}48.34 & 24.93\\ 24.93 & 48.98\end{bmatrix}$, $K=\begin{bmatrix}0.028\ 05 & -0.014\ 28\\ -0.014\ 28 & 0.027\ 68\end{bmatrix}\begin{bmatrix}-0.76\\ -0.44\end{bmatrix}=\begin{bmatrix}-0.015\\ 0.001\end{bmatrix}$

$V=[0.044\quad -0.068\quad 0.020\quad 0.070\quad 0.005\quad 0.004]^T$

$\hat{L}=[-2.66\quad 4.13\quad 1.52\quad 4.67\quad 3.81\quad 3.10]^T(\text{cm})$

圆的方程为 $\hat{x}^2+\hat{y}^2=24.13$

第六章

6.1.01

所选参数的个数 u 有限制，应满足 $u<t$，并且独立

6.1.02

$n=21$，$t=6$，$r=15$，$u=2$，所以条件方程的个数 $c=r+u=17$

6.1.03

(1) 函数模型为间接平差　(2) $u<t$

6.1.04

(1) $\hat{h}_1-\hat{X}+H_A=0$

　　$\hat{h}_2+\hat{X}-H_B=0$

(2) $\hat{h}_1=h_1+\dfrac{1}{2}(H_B-H_A-h_1-h_2)$

　　$\hat{h}_2=h_2+\dfrac{1}{2}(H_B-H_A-h_1-h_2)$

6.1.05

$v_1=3.4$，$v_2=3.4$，$v_3=4.2$，$v_4=-0.8$

$\hat{x}=-0.6$

6.1.06

$v=[0.3\quad -0.3\quad 0.3\quad 0.3\quad 0.3\quad 0.3]^T$

$x=-7$

6.1.07

(a) $r=3$，$u=1$，$c=4$

　　$\tilde{h}_1+\tilde{h}_4+\tilde{h}_5=0$

　　$\tilde{h}_2+\tilde{h}_3-\tilde{h}_5=0$

$$\tilde{h}_2 - \tilde{h}_6 + \tilde{X} - H_A = 0$$

$$\tilde{h}_3 + \tilde{h}_4 + \tilde{h}_6 = 0$$

(b) $r=2$, $u=1$, $c=3$

$$\tilde{h}_1 - \tilde{h}_4 - \tilde{h}_5 = 0$$

$$\tilde{h}_2 + \tilde{h}_3 + \tilde{h}_5 = 0$$

$$\tilde{h}_1 + \tilde{h}_2 - \tilde{X} = 0$$

6.1.08

(a) $r=1$, $u=1$, $c=2$

$$\tilde{L}_1 + \tilde{L}_2 + \tilde{L}_3 + \tilde{L}_4 - 360° = 0$$

$$\tilde{L}_2 + \tilde{L}_3 - \tilde{X} = 0$$

(b) $r=1$, $u=1$, $c=2$

$$\tilde{L}_1 + \tilde{L}_2 + \tilde{L}_3 - 180° = 0$$

$$L_3 + \tilde{X} - 360° = 0$$

6.1.09

$X^0 = H_A + h_1 = 8.168\text{m}$

(1) $v_1 + v_2 + v_3 - 6 = 0$

$\quad v_1 - \tilde{x} = 0$

(2) $v_1 = 1.5\text{mm}$, $v_2 = 3.0\text{mm}$, $v_3 = 1.5\text{mm}$

(3) $\hat{H}_{P_1} = 9.1695\text{ m}$

6.1.10

$n=5$, $t=3$, $r=2$, $u=1$, $c=3$

(1) 设 $X^0 = h_1 + h_2 = 1.563\text{m}$

$\quad v_1 - v_4 + v_5 - 3 = 0$

$\quad v_2 - v_3 - v_5 + 9 = 0$

$\quad v_1 + v_2 - \hat{x} = 0$

(2) $\begin{bmatrix} 3 & -1 & 1 & 0 \\ -1 & 3 & 1 & 0 \\ 1 & 1 & 2 & -1 \\ 0 & 0 & -1 & 0 \end{bmatrix} \begin{bmatrix} K_1 \\ K_2 \\ K_3 \\ \hat{x} \end{bmatrix} + \begin{bmatrix} -3 \\ 9 \\ 0 \\ 0 \end{bmatrix} = 0$

(3) $\hat{x} = -3\text{mm}$, $\hat{x} = \hat{H}_{hc} = 1.560\text{m}$

$\quad \hat{H}_c = 11.560\text{m}$

6.1.11

(1) $n=7$, $t=6$, $r=1$;

(2) 用附有参数的条件平差:

设坐标纵线到第一条边的角度为参数 $\hat{X}$, $u=1$

条件方程的个数 $c=r+u=1+1=2$

两个方位角条件：

$S_1\cos\hat{X}+S_2\cos(\hat{X}+\hat{\beta}_1\pm 180°)+\cdots+S_4\cos(\hat{X}+\hat{\beta}_1+\hat{\beta}_2+\hat{\beta}_3\pm 4\cdot 180°)+X_A-X_B=0$

$S_1\sin\hat{X}+\cdots+S_4\sin(\hat{X}+\hat{\beta}_1+\hat{\beta}_2+\hat{\beta}_3\pm 4\cdot 180°)+Y_A-Y_B=0$

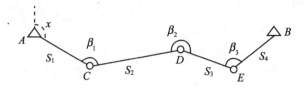

6.1.12

$n=9$，$t=8$，$r=1$，

设边长 $AD=X$，则 $ACDF$ 形成了四边形，$DAFEB$ 形成了以 D 为顶点的扇形，$C=r+u=2$，四边形和扇形各列一个边长图形条件。

6.1.13

（1）$n=4$，$t=3$，$r=1$

（2）$n=4$，$t=3$，$r=1$。设 $u=1$ 个参数：$\alpha_{AC}=\hat{X}$，$C=r+u=2$，可列两个方程，即 2 个坐标条件：

$X_A+S_1\cos\hat{X}+S_0\cos(\hat{X}+\hat{\beta}_1\pm 180°)+S_2\cos(\hat{X}+\hat{\beta}_1+\hat{\beta}_2\pm 2\cdot 180)-X_B=0$

$Y_A+S_1\sin\hat{X}+S_0\sin(\hat{X}+\hat{\beta}_1\pm 180°)+S_2\sin(\hat{X}+\hat{\beta}_1+\hat{\beta}_2\pm 2\cdot 180)-Y_B=0$

6.2.14

$n=5$，$t=3$，$r=2$，$u=1$，$c=3$

$v_1+v_4+v_5+w_1=0$

$v_2+v_3-v_5+w_2=0$

$v_1+v_2-\hat{x}+w_3=0$

$\hat{Q}_X=1$，$\hat{P}_X=1$

6.2.15

$n=4$，$t=3$，$r=1$，$u=1$，$c=2$

$\hat{Q}_X=\dfrac{2}{3}$，$\hat{P}_X=\dfrac{3}{2}$

6.2.16

设平差后 D 点的高程为参数

$v_2+v_3+v_4+w_1=0$

$v_1-v_4-x+w_2=0$

$N_{AA}^{-1}=\begin{bmatrix}3 & -1\\ -1 & 2\end{bmatrix}^{-1}=\dfrac{1}{5}\begin{bmatrix}2 & 1\\ 1 & 3\end{bmatrix}$，

$B^TN_{AA}^{-1}B=\begin{bmatrix}0 & -1\end{bmatrix}\dfrac{1}{5}\begin{bmatrix}2 & 1\\ 1 & 3\end{bmatrix}\begin{bmatrix}0\\ -1\end{bmatrix}=\dfrac{3}{5}$，

$Q_{\hat{X}} = (B^T N_{AA}^{-1} B)^{-1} = \dfrac{5}{3}$

6.2.17

附有参数的条件平差：

设 $\angle ABC$ 为参数 X

$v_1+v_2+v_3+w_1=0$

$v_4+v_5+v_6+w_2=0$

$v_2+v_5-x+w_3=0$

$N_{AA}^{-1} = \begin{bmatrix} 3 & 0 & 1 \\ 0 & 3 & 1 \\ 1 & 1 & 2 \end{bmatrix}^{-1} = \dfrac{1}{12}\begin{bmatrix} 5 & 1 & -3 \\ 1 & 5 & -3 \\ -3 & -3 & 9 \end{bmatrix}$,

$B^T N_{AA}^{-1} B = \begin{bmatrix} 0 & 0 & -1 \end{bmatrix} \dfrac{1}{12}\begin{bmatrix} 5 & 1 & -3 \\ 1 & 5 & -3 \\ -3 & -3 & 9 \end{bmatrix}\begin{bmatrix} 0 \\ 0 \\ -1 \end{bmatrix} = \dfrac{3}{4}$,

$Q_{\hat{X}} = (B^T N_{AA}^{-1} B)^{-1} = \dfrac{4}{3}$

6.2.18

设 $\angle ADB$ 的平差值为 $\hat{X}$，列条件方程：

$v_1+v_2+v_6+w_1=0$

$v_3+v_4+v_5+w_2=0$

$v_5+v_6-\hat{x}+w_3=0$

$\hat{Q}_X = 1.33$

$\hat{P}_X = 0.75$

6.2.19

$Q_{\hat{\varphi}} = f_x^T Q_{\hat{X}\hat{X}} f_x = f_x^T N_{BB}^{-1} f_x$

6.2.20

因为 $\begin{bmatrix} K \\ \hat{x} \end{bmatrix} = -\begin{bmatrix} N_{AA} & B \\ B^T & 0 \end{bmatrix}^{-1} \begin{bmatrix} W \\ 0 \end{bmatrix} = \begin{bmatrix} R_{cc} & R_{cu} \\ R_{uc} & R_{uu} \end{bmatrix}\begin{bmatrix} W \\ 0 \end{bmatrix} = -\begin{bmatrix} R_{cc}W \\ R_{uc}W \end{bmatrix}$

$R_{cc} = N_{AA}^{-1} - N_{AA}^{-1}BN_{BB}^{-1}B^T N_{AA}^{-1}$, $R_{cu} = -N_{AA}^{-1}BN_{BB}^{-1}$, $R_{uu} = -N_{BB}^{-1}$

而 $V = QA^T K = QA^T R_{cc} W$

$\hat{\varphi} = f^T \hat{L} + f_x^T \hat{x} = f^T L + f^T V + f_x^T \hat{x}$

$= (f^T - f^T Q A^T R_{cc} A - f_x^T R_{uc} A) L + \hat{\varphi}^0$

$Q_{\hat{\varphi}V} = f_x^T R_{uc} N_{AA} R_{cc} A Q \neq 0$

6.2.21

设 $\hat{X} = \hat{h}_{CE}$，$r=1$，$u=1$，$c=2$

$v_1+v_2+v_3+v_4+v_5+v_6+w_1=0$

$v_3+v_4-\hat{x}+w_2=0$

$$A=\begin{bmatrix}1&1&1&1&1&1\\0&0&1&1&0&0\end{bmatrix}, B=\begin{bmatrix}0\\-1\end{bmatrix}, Q=\begin{bmatrix}1&&&&&\\&1&&&&\\&&2&&&\\&&&2&&\\&&&&1&\\&&&&&1\end{bmatrix}$$

$N_{AA}=\begin{bmatrix}8&4\\4&4\end{bmatrix}$, $N_{AA}^{-1}=\dfrac{1}{4}\begin{bmatrix}1&-1\\-1&2\end{bmatrix}$,

$N_{BB}=B^{\mathrm{T}}N_{AA}^{-1}B=\dfrac{1}{2}$, $N_{BB}^{-1}=Q_{\hat{X}}=2$, $\sigma_{\hat{x}}^2=\hat{\sigma}_0^2 Q_{\hat{X}}=4\times 2=8(\mathrm{mm}^2)$

平差前：$\sigma_{h_3}=\sigma_{h_4}=2\sqrt{2}(\mathrm{mm})$，$h_{CE}=h_3+h_4$

$\sigma_{h_{CE}}^2=\sigma_{h_3}^2+\sigma_{h_4}^2=8+8=16(\mathrm{mm}^2)$

6.2.22

条件方程：

$v_1+v_2+v_3+w_1=0$

$v_4+v_5+v_6+w_2=0$

$[\cot L_1-\cot(L_1+L_4)]v_1+[\cot(L_3+L_5)-\cot L_3]v_3-\cot(L_1+L_4)v_4+\cot(L_3+L_5)v_5-\cot(L_6-X^0)v_6+[\cot X^0-\cot(L_6-X^0)]\hat{x}+w_3=0$

$v_7+\hat{x}+w_4=0$

$\hat{S}_{AD}=\dfrac{\sin\hat{X}}{\sin(\hat{L}_1+\hat{L}_4)}S_{AB}$

$\mathrm{d}\hat{S}_{AD}=-\hat{S}_{AD}\cot\hat{L}_1\dfrac{\mathrm{d}\hat{L}_1}{\rho}-\hat{S}_{AD}\cot\hat{L}_4\dfrac{\mathrm{d}\hat{L}_4}{\rho}+\hat{S}_{AD}\cot\hat{X}\dfrac{\mathrm{d}\hat{X}}{\rho}$

权函数式：$\dfrac{\mathrm{d}\hat{S}_{AD}}{\hat{S}_{AD}}\rho=-\cot\mathrm{d}\hat{L}_1\mathrm{d}\hat{L}_1-\cot\hat{L}_4\mathrm{d}\hat{L}_4+\cot\hat{X}\mathrm{d}\hat{X}$

6.3.23

(1) $\hat{L}=[2.945\ \ 2.945\ \ 2.055\ \ 2.055]^{\mathrm{T}}(\mathrm{m})$, $\hat{X}=55.945(\mathrm{m})$

(2) $\hat{Q}_X=\dfrac{1}{4}$

6.3.24

$X^0=H_A+h_1+h_7=12.05(\mathrm{m})$

(1) $v_1+v_2+v_3+4=0$

$v_3+v_4+v_5+6=0$

$v_5+v_6+v_7-8=0$

$v_1+v_7-\hat{x}=0$

(2) $\begin{bmatrix} 5 & 1 & 0 & 2 & 0 \\ 1 & 4 & 1 & 0 & 0 \\ 0 & 1 & 5 & 2 & 0 \\ 2 & 0 & 2 & 4 & -1 \\ 0 & 0 & 0 & -1 & 0 \end{bmatrix} \begin{bmatrix} K_1 \\ K_2 \\ K_3 \\ K_4 \\ \hat{x} \end{bmatrix} + \begin{bmatrix} 4 \\ 6 \\ -8 \\ 0 \\ 0 \end{bmatrix} = 0$

(3) $v = \begin{bmatrix} -1 & -1 & -2 & -4 & 0 & 4 & 4 \end{bmatrix}^T (\text{mm})$

$\hat{L} = \begin{bmatrix} 1.269 & -3.381 & 2.112 & 1.609 & -3.721 & 2.935 & 0.786 \end{bmatrix}^T (\text{m})$

(4) $\sigma_0^2 = 104/3 = 34.7 (\text{mm}^2)$

$\hat{Q}_X = 0.5$

$\hat{\sigma}_X^2 = 17.3 (\text{mm}^2)$, $\hat{\sigma}_X = 4.2 (\text{mm})$

6.3.25

(1) 需设 3 个参数，$\hat{X}_1 = \angle AEC$，$\hat{X}_2 = \angle CED$，$\hat{X}_3 = \angle DEB$

(2) $n=8$，$t=6$，$r=2$，$u=3$，$c=5$

共有 5 个方程，其中图形条件 4 个，极条件 1 个：

$\hat{L}_1 + \hat{L}_2 + \hat{L}_3 + \hat{X}_1 - 180° = 0$

$\hat{L}_4 + \hat{L}_5 + \hat{X}_2 - 180° = 0$

$\hat{L}_6 + \hat{L}_7 + \hat{L}_8 + \hat{X}_3 - 180° = 0$

$\hat{L}_1 + \hat{L}_8 + \hat{X}_1 + \hat{X}_2 + \hat{X}_3 - 180° = 0$

$\dfrac{\sin(L_1 + L_2) \sin L_4 \sin L_6 \sin L_8}{\sin L_3 \sin L_5 \sin(\hat{L}_7 + \hat{L}_8) \sin L_1} - 1 = 0$

6.3.26

(1) 设 $\hat{X} = \angle ADB$，$X^0 = 103°10'06''$

(2) $v_1 + v_6 = 0$

$v_2 + v_3 + v_4 + v_5 - 17'' = 0$

$-0.955v_1 + 0.220v_2 - 0.731v_3 + 0.649v_4 - 0.396v_5 + 0.959v_6 + 2'' = 0$

(3) 法方程：

$\begin{bmatrix} 2 & 0 & 0.004 & 1 \\ 0 & 4 & -0.258 & 0 \\ 0.004 & -0.258 & 2.99 & 0 \\ 1 & 0 & 0 & 0 \end{bmatrix} \begin{bmatrix} K_1 \\ K_2 \\ K_3 \\ \hat{x} \end{bmatrix} + \begin{bmatrix} 0 \\ -17 \\ 2 \\ 0 \end{bmatrix} = 0$

$K = \begin{bmatrix} 0 & 4.23 & -0.3 \end{bmatrix}^T$

$\hat{x} = 0$

$V = \begin{bmatrix} 0.3 & 4.2 & 4.4 & 4 & 4.3 & -0.3 \end{bmatrix}^T ('')$

$\hat{L} = [40°23'58.3''\quad 37°11'40.2''\quad 53°49'06.4''\quad 57°00'09.0''$
$\quad 31°59'04.3''\quad 36°25'55.7'']$

6.3.27

用附有限制条件的间接平差：

$X_1^0 = L_1$, $X_2^0 = L_2$

$v_1 = \hat{x}_1$, $v_2 = \hat{x}_2$

$7.5\hat{x}_1 + 9.4\hat{x}_2 + 0.30 = 0$

6.3.28

(1) 平差值：

$\hat{L}_1 = 100°38'09''$, $\hat{L}_2 = 27°39'33''$, $\hat{L}_3 = 29°20'36''$, $\hat{L}_4 = 50°29'28''$, $\hat{L}_5 = 105°11'24''$,

$\hat{L}_6 = 47°39'$

(2) $\hat{X}_{P_1} = 6\,211.510$m, $\hat{X}_{P_2} = 6\,025.148$m

$\hat{Y}_{P_1} = 3\,258.283$m, $\hat{Y}_{P_2} = 4\,748.851$m

$\sigma_{X_{P_1}} = 21.52$ mm, $\sigma_{Y_{P_1}} = 13.30$ mm

$\sigma_{X_{P_2}} = 21.98$ mm, $\sigma_{Y_{P_2}} = 12.25$ mm

6.3.29

$X^0 = L_1 \cdot L_2 = 230.70(\text{cm}^2)$

(1) $V = [-0.04 \quad -0.02 \quad 0.09]^T (\text{cm})$

$\hat{L} = [18.61 \quad 12.35 \quad 22.34]^T (\text{cm})$

(2) $\hat{X} = 229.83(\text{cm}^2)$

$\hat{Q}_X = 0.427$

$\hat{P}_X = 2.342$

6.3.30

设 $\hat{X} = \hat{S}_{CD}$, $X^0 = 210.240$m

(1) 条件方程：

$v_1 + v_2 + v_3 + 11'' = 0$

$v_4 + v_5 + v_6 - 20'' = 0$

$-0.081v_1 + 0.945v_2 + 0.663v_S - 5.890 = 0$

$1.190v_4 - 0.325v_6 + 0.663v_S - 0.981\hat{x} - 10.779 = 0$

(2) $V = [-7'' \quad 2'' \quad -6'' \quad 7'' \quad 7'' \quad 7'' \quad 6]^T (\text{mm})$

$\hat{L}_1 = 85°22'58''$, $\hat{L}_2 = 46°37'12''$, $\hat{L}_3 = 47°59'50''$, $\hat{L}_4 = 40°00'57''$, $\hat{L}_5 = 67°59'38''$,

$\hat{L}_6 = 71°59'26''$

$\hat{S} = 310.935$m

(3) $\sigma_0 = 11.7''$

(4) $\hat{S}_{CD} = 210.240 - 0.001 = 210.239$m

$\hat{Q}_X = -0.627$, $\sigma_{CD} = 9.2$mm

相对中误差：$\dfrac{1}{22\,000}$

6.3.31

条件方程系数阵：

$$A = \begin{bmatrix} 1.0000 & 1.0000 & 1.0000 & 1.0000 & 1.0000 & 0.0000 & 0.0000 & 0.0000 & 0.0000 \\ -1.8235 & -1.5253 & -0.9777 & -0.4204 & 0.0000 & 0.7129 & -0.1586 & 0.3812 & -0.5317 \\ 0.1810 & -0.1221 & -0.0342 & -0.2640 & 0.0000 & 0.7013 & 0.9873 & 0.9245 & 0.8469 \\ -0.8457 & -0.5480 & 0.0000 & 0.0000 & 0.0000 & 0.7129 & -0.1586 & 0.0000 & 0.0000 \\ 0.2151 & -0.0880 & 0.0000 & 0.0000 & 0.0000 & 0.7013 & 0.9873 & 0.0000 & 0.0000 \end{bmatrix}$$

$$B = \begin{bmatrix} 0 & 0 \\ 0 & 0 \\ 0 & 0 \\ -1 & 0 \\ 0 & -1 \end{bmatrix}$$

法方程系数阵：

$$\begin{bmatrix} 5.0000 & -4.7469 & -0.2393 & -1.3937 & 0.127100 \\ -4.7469 & 8.2603 & 0.3700 & 3.1194 & 0.147216 \\ -0.2393 & 0.3700 & 5.3427 & 0.3191 & 2.465811 \\ -1.3937 & 3.1194 & 0.3191 & 1.7569 & 0.271539 \\ 0.1271 & 0.1472 & 2.4658 & 0.2715 & 2.470145 \end{bmatrix}$$

改正数：

$V = \begin{bmatrix} 4'' & 4'' & 2'' & 2'' & 0 & -4\text{mm} & -3\text{mm} & -6\text{mm} & -1\text{mm} \end{bmatrix}$

观测值平差值：

$\hat{\beta} = \begin{bmatrix} 73°56'25'' & 234°35'44'' & 148°27'59'' & 234°31'45'' & 76°46'29'' \end{bmatrix}^T$

$\hat{S} = \begin{bmatrix} 87.768 & 114.385 & 124.329 & 102.396 \end{bmatrix}^T (\text{m})$

参数改正数：$x = -7.6\text{mm}$，$y = -5.9\text{mm}$

参数平差值：$X = 779.434\text{m}$，$Y = 446.687\text{m}$

第七章

7.1.01

在间接平差中，独立参数的个数等于必要观测值的个数，误差方程的个数等于观测值的个数，法方程个数等于必要观测值个数。

7.1.02

间接平差法方程个数等于必要观测值个数，条件平差法方程个数等于多余观测值个数。

7.1.03

会等于零。

7.1.04

$\hat{h}_1 = 1.356\text{m}$，$\hat{h}_2 = -0.822\text{m}$，$\hat{h}_3 = -0.534\text{m}$

7.1.05

$\hat{\alpha} = 78°23'16''$，$\hat{\beta} = 85°30'08''$，$\hat{\gamma} = 16°06'36''$，$\delta = 343°53'24''$

7.1.06

$$\hat{H}_P = h_1 + \frac{S_1}{S_1+S_2}(H_B - H_A - h_1 + h_2)$$

7.1.07

$\hat{\alpha}_B = 53°35'32.7''$, $\hat{\alpha}_C = 114°50'08''$, $\hat{\alpha}_D = 208°59'53''$

7.2.08

只有这样，每个观测值都可以写成参数的函数。

7.2.09

参数不仅要足数，还必须独立。

7.2.10

应选待定点的坐标为参数。

7.2.11

条件方程是由观测值改正数组成，个数等于多余观测数，形式不唯一；

误差方程是由观测值改正数和参数组成，个数等于参数的个数，当参数选定后，误差方程形式唯一。

7.2.12

误差方程左边只有一个观测值的改正数，右边全部是参数，有多少个观测值就列多少个方程。

7.2.13

独立参数的个数等于9。

7.2.14

独立参数有6个，可以有48组组合，其规律是：$\triangle AP_1P_2$ 中的任意两个角加上构成大地四边形 P_2P_3BA 的四个三角形中的每一个内角（不算复全角），如 L_1、L_2、L_4、L_5、L_7、L_{11}。

7.2.15

(1) $\begin{bmatrix} V_1 \\ V_2 \\ V_3 \\ V_4 \\ V_5 \end{bmatrix} = \begin{bmatrix} 1 & 0 \\ 1 & 0 \\ -1 & 1 \\ 0 & 1 \\ 0 & 1 \end{bmatrix} \begin{bmatrix} \hat{x}_1 \\ \hat{x}_2 \end{bmatrix} - \begin{bmatrix} l_1 \\ l_2 \\ l_3 \\ l_4 \\ l_5 \end{bmatrix}$
(2) $\underset{7\,1}{V} = \begin{bmatrix} 1 & 0 & 0 \\ 1 & 1 & 0 \\ 0 & 1 & 0 \\ 0 & 1 & -1 \\ 0 & 0 & 1 \\ 1 & 1 & 0 \\ -1 & -1 & 1 \end{bmatrix} \underset{3\,1}{\hat{x}} - \underset{7\,1}{l}$
(3) $\underset{6\,1}{V} = \begin{bmatrix} -1 & 1 & 0 \\ 0 & -1 & 0 \\ 1 & 0 & 0 \\ -1 & 0 & 1 \\ 0 & -1 & 1 \\ 0 & 0 & 1 \end{bmatrix} \underset{3\,1}{\hat{x}} - \underset{6\,1}{l}$

7.2.16

设 $X_1^0 = L_1$，$X_2^0 = L_3$，则

$\hat{X}_1 = X_1^0 + \hat{x}_1$，$\hat{X}_2 = X_2^0 + \hat{x}_2$

误差方程：

$V_1 = \hat{x}_1 - l_1$

$V_2 = \frac{X_1^0}{\sqrt{(X_1^0)^2+(X_2^0)^2}}\hat{x}_1 + \frac{X_2^0}{\sqrt{(X_1^0)^2+(X_2^0)^2}}\hat{x}_2 - l_2$

$V_3 = \hat{x}_3 - l_3$

其中：
$l_1=0$，$l_2=L_2-\sqrt{(X_1^0)^2+(X_2^0)^2}$，$l_3=0$

7.2.17

$a^0=1.26\text{cm}$，$b^0=2.04\text{cm}$；$\hat{a}=a^0+\delta a$，$\hat{b}=b^0+\delta b$

误差方程：

$$V_{5,1}=\begin{bmatrix} 1 & 1 \\ 2 & 1 \\ 3 & 1 \\ 4 & 1 \\ 5 & 1 \end{bmatrix}\begin{bmatrix} \delta a \\ \delta b \end{bmatrix}-\begin{bmatrix} 0 \\ 0 \\ 0.08 \\ 0.02 \\ 0.06 \end{bmatrix}(\text{cm})$$

7.2.18

$$V''_{3,1}=\begin{bmatrix} -1 & 8.37 & -7.98 \\ -1 & 11.34 & 0.50 \\ -1 & 13.43 & 8.87 \end{bmatrix}\begin{bmatrix} \hat{Z}_p('') \\ \hat{x}_p(\text{cm}) \\ \hat{y}_p(\text{cm}) \end{bmatrix}-\begin{bmatrix} -2.8 \\ 3.4 \\ 5.9 \end{bmatrix}('')$$

7.2.19

$$V''_{4,1}=\begin{bmatrix} 10.83 & 7.65 \\ -10.63 & 2.13 \\ 10.63 & -2.13 \\ -5.02 & 9.23 \end{bmatrix}\begin{bmatrix} \hat{x}_p \\ \hat{y}_p \end{bmatrix}(\text{cm})-\begin{bmatrix} -2 \\ -5 \\ -5 \\ -28 \end{bmatrix}('')$$

7.2.20

$$V_{3,1}(\text{cm})=\begin{bmatrix} -0.9367 & 0.3502 \\ -0.1960 & -0.9806 \\ 0.9189 & -0.3945 \end{bmatrix}\begin{bmatrix} \hat{x}_p \\ \hat{y}_p \end{bmatrix}-\begin{bmatrix} 5.22 \\ 5.56 \\ 6.47 \end{bmatrix}$$

7.2.21

误差方程系数阵：　　　　　　　　　　误差方程常数项阵：

$$\begin{bmatrix} 0.9101 & -1.1670 & -0.7652 & 0.2583 \\ 0.0000 & 0.0000 & 0.7652 & -0.2583 \\ 0.0785 & 0.8140 & 0.0000 & 0.0000 \\ -0.0785 & -0.8140 & -0.4060 & 0.6849 \\ 0.0000 & 0.0000 & 0.4060 & -0.6849 \\ 0.6074 & 0.4962 & 0.0000 & 0.0000 \\ -0.6074 & 0.4962 & 0.4583 & 1.3359 \\ 0.1777 & -0.9841 & -0.1777 & 0.9841 \end{bmatrix} \begin{bmatrix} 3.01'' \\ -1.31'' \\ -0.47'' \\ 0.69'' \\ -0.09'' \\ 0.07'' \\ -2.55'' \\ 63.93(\text{mm}) \end{bmatrix}$$

7.2.22

设椭圆的误差方程为 $\dfrac{x^2}{a^2}+\dfrac{y^2}{b^2}=1$。

独立参数：$[\hat{X}_a \quad \hat{X}_b]^T=[a^2 \quad b^2]$

参数近似值为 X_a^0、X_b^0，改正数为 V_a、V_b，椭圆的误差方程为：

$$V_i = a_i V_a + b_i V_b - l_i \quad (i=1, 2, \cdots, 10)$$

其中：

$$a_i = \frac{1}{2y_i} \cdot \frac{X_i^2}{(X^0 a)^2} X_b^0, \quad b_i = \frac{1}{2y_i}\left(1 - \frac{X_i^2}{X_a^0}\right)$$

$$l_i = y_i - \sqrt{X_b^0\left(1 - \frac{X_i^2}{X_a^0}\right)}$$

7.2.23

未知参数：$\hat{a}$，$\hat{a} = a^0 + \delta a$

平差值的观测方程：

$$\hat{y}_i = (x_i \hat{a})^{\frac{1}{2}} \quad (i=1, 2, \cdots, 6)$$

线性化得误差方程：

$$V_i = \frac{1}{2}\left(\frac{x_i}{a^0}\right)^{\frac{1}{2}} \delta a - l_i$$

其中，$l_i = -(\sqrt{x_i a^0} - y_i)$

7.2.24

设三个参数：

$V_1 = X_1$

$V_2 = X_2$

$V_3 = -X_1 + X_2 - 5$

$V_4 = -X_1 - X_3 - 4$

$V_5 = -X_2 + X_3 - 3$

$V_6 = -X_2$

$V_7 = X_3$

7.2.25

有三个条件方程：

$V_1 - V_3 - 1 = 0$

$V_2 - V_4 + 2 = 0$

$V_1 - V_2 - V_5 - 4 = 0$

7.3.26

可以。控制网平差时，设待定点的坐标为参数，当网形确定后，误差方程的系数阵 B 就确定了，就可根据公式 $Q_{\hat{x}\hat{x}} = (B^T P B)^{-1}$ 计算参数的协因数，再根据观测值精度，就可估算参数的精度。

7.3.27

$$V^T P V = l^T P l - (B^E P l)^T \hat{x}$$

7.3.28

在很多情况下，待求量不是参数，而是参数的函数，如平差后要知道某条边的精度，这时，可将这条边表示成参数的函数 $\hat{\varphi} = \Phi(\hat{x})$，然后计算函数的协因数 $Q_{\hat{\varphi}} = f_x^T Q_{\hat{x}\hat{x}} f_x$，最后根据单位权方差，求得函数的精度。

7.3.29

$$\hat{x} = \begin{bmatrix} \hat{x}_1 \\ \hat{x}_2 \end{bmatrix} = \begin{bmatrix} 0.07 \\ 1.57 \end{bmatrix} \quad Q_{\hat{X}} = \begin{bmatrix} 0.125 & 0.071 \\ 0.071 & 0.143 \end{bmatrix}$$

7.3.30

$\hat{\sigma}_0^2 = 14$, $\hat{\sigma}_0 = 3.74$

7.3.31

令 $C=4$, $Q_{\hat{X}_{P_2}} = 0.75$, $\sigma_0 = 6\text{mm}$, 则

$\hat{\sigma}_{X_{P_2}} = \sigma_0 \sqrt{Q_{\hat{X}_{P_2}}} = 5.2\text{mm}$

7.3.32

$$\hat{Q}_X = \frac{1}{7}\begin{bmatrix} 2 & 1 \\ 1 & 4 \end{bmatrix} \quad P_{\hat{\varphi}} = \frac{7}{4}$$

7.3.33

$$\hat{Q}_X = \begin{bmatrix} \frac{3}{5} & \frac{2}{5} \\ \frac{2}{5} & \frac{3}{5} \end{bmatrix} \quad Q_{\hat{L}\hat{X}} = \frac{1}{5}\begin{bmatrix} 2 & 3 \\ 1 & -1 \\ -1 & 1 \\ 3 & 2 \end{bmatrix}$$

$$Q_{\hat{L}V} = 0 \quad \hat{Q}_L = \frac{1}{5}\begin{bmatrix} 3 & -1 & 1 & 2 \\ -1 & 2 & -2 & 1 \\ 1 & -2 & 2 & -1 \\ 2 & 1 & -1 & 3 \end{bmatrix}$$

7.3.34

$\hat{X} = X^0 + \hat{x} = (B^TPB)^{-1}B^TPL + \hat{X}^0$, $V = (B(B^TPB)^{-1}B^TP - I)L + V^0$

$\hat{L} = L + V = B(B^TPB)^{-1}B^TPL + \hat{L}^0$

①$\hat{X}$ 与 $\hat{L}$ 相关

证明：$Q_{\hat{X}\hat{L}} = (B^TPB)^{-1}B^TPQPB(B^TPB)^{-1}B^T = (B^TPB)^{-1}B^T \neq 0$

②V 与 $\hat{L}$ 不相关

证明：$Q_{V\hat{L}} = (B(B^TPB)^{-1}B^TP - I)QPB(B^TPB)^{-1}B^T = 0$

7.3.35

舍弃 h_6 的结果导致 D 点的权降至原有值的 67%。

7.3.36

平差后 P_1 点高程精度最高，精度最高点与最低点精度之比为 1:1.37。

7.3.37

观测方程：$\hat{y}_i = \sqrt{x_i a}$, $t=1$

令：$a^0 = 4$

(1) 误差方程：

$$v_i = \sqrt{x_i a^0} + \frac{1}{2}\sqrt{\frac{x_i}{a^0}}\delta a - y_i,$$

$$v_i = \frac{1}{2}\sqrt{\frac{x_i}{4}}\delta \hat{a} - l_i,$$

$$-l_2 = \sqrt{x_2 a^0} - y_2 = \sqrt{8} - 3 = -0.17,$$

$$V = \begin{bmatrix} 0.25 \\ 0.35 \\ 0.43 \\ 0.50 \end{bmatrix} \delta\hat{a} - \begin{bmatrix} 0 \\ 0.17 \\ 0.04 \\ 0.10 \end{bmatrix}$$

法方程并解算：
$B^{\mathrm{T}}PB = B^{\mathrm{T}}B = 0.62$, $w = B^{\mathrm{T}}Pl = 0.126\ 7$
$0.62\delta\hat{a} = 0.126\ 7$, $\delta\hat{a} = 0.204(\mathrm{mm})$
$\hat{a} = a^0 + \delta\hat{a} = 4.20$
$y^2 = 4.20x$

(2) $V = [0.05 \quad -0.10 \quad 0.05 \quad 0.00]^{\mathrm{T}}(\mathrm{cm})$
$V^{\mathrm{T}}PV = 0.014\ 7$

$\hat{\sigma}_0^2 = \dfrac{0.014\ 7}{3} = 0.004\ 9$, $\hat{\sigma}_0 = 0.07\mathrm{cm}$, $Q_{\hat{a}} = (0.62)^{-1} = 1.61$

$\hat{\sigma}_{\hat{a}} = 0.09\mathrm{cm}$

7.3.38

$N_{BB} = \begin{bmatrix} 8 & -2 \\ -2 & 7 \end{bmatrix}$

$\hat{Q}_X = N_{BB}^{-1} = \dfrac{1}{52}\begin{bmatrix} 7 & 2 \\ 2 & 8 \end{bmatrix}$

$Q_{\hat{\varphi}} = \dfrac{11}{52}$, $P_{\hat{\varphi}} = \dfrac{52}{11}$

7.3.39

设平差后 $\angle BDC = \hat{\varphi}$，则

$\hat{\varphi} = 360° - (\hat{L}_1 + \hat{L}_5)$

$\mathrm{d}\hat{\varphi} = -\mathrm{d}\hat{L}_1 - \mathrm{d}\hat{L}_5$

权数式为：

$\mathrm{d}\hat{\varphi} = 2.48\hat{x}_D + 7.97\hat{y}_D$

7.3.40

每千米观测高差中误差应小于 3.3mm。

7.3.41

设参数 $\hat{X} = [\hat{X}_C \quad \hat{Y}_C \quad \hat{X}_D \quad \hat{Y}_D]^{\mathrm{T}}$

参数近似值 $X^0 = [X_C^0 \quad Y_C^0 \quad X_D^0 \quad Y_D^0]^{\mathrm{T}}$

$\hat{X} = X^0 + \hat{x}$

$\delta_{S_{CD}} = -\dfrac{\Delta X_{CD}^0}{S_{CD}^0}\hat{x}_C - \dfrac{\Delta Y_{CD}^0}{S_{CD}^0}\hat{y}_C + \dfrac{\Delta X_{CD}^0}{S_{CD}^0}\hat{x}_D + \dfrac{\Delta Y_{CD}^0}{S_{CD}^0}\hat{y}_D$

7.4.42

当 $c = 2$ 时，表示以 2 公里水准路线观测高差的中误差为单位权中误差。在 $c = 1$、$c = 2$ 两种情况下，经平差求得的 V、$\hat{L}$ 相同，$\hat{\sigma}_0$、$[PVV]$ 不同。

7.4.43

$\hat{H}_C = 11.425\ 1\mathrm{m}$, $\hat{H}_D = 10.357\ 5\mathrm{m}$, $\hat{H}_E = 12.521\ 0\mathrm{m}$

$\hat{\sigma}_{H_C} = 2.60\text{mm}$, $\hat{\sigma}_{H_D} = 2.35\text{mm}$, $\hat{\sigma}_{H_C} = 2.60\text{mm}$

7.4.44

(1) $\hat{H}_C = 6.193\text{m}$, $\hat{H}_D = 6.688\text{m}$

(2) $Q_{\hat{\varphi}} = \dfrac{1}{3}$, $\sigma_{\hat{\varphi}} = 1.43\text{mm}$

(3) 在两种情况下，$c=2$ 和 $c=4$ 定的权虽然之间的比例没变，但数值是不同的，因而平差后求得的 $Q_{\hat{\varphi}}$ 是不相同的；$\sigma_{\hat{\varphi}}$ 是相同的，因为 $\sigma_{\hat{\varphi}} = \hat{\sigma}_0 \sqrt{Q_{\hat{\varphi}}}$，其中虽然 $Q_{\hat{\varphi}}$ 不同，但 $\hat{\sigma}_0$ 也不同，分别为 2km 和 4km 路线的观测高差的中误差，和相应的协因数相乘后不变。

7.4.45

$\hat{H}_{P_1} = 22.456\text{m}$, $\hat{H}_{P_2} = 23.368\text{m}$, $\hat{H}_{P_3} = 20.145\text{m}$

$\hat{\sigma}_0 = 3.8\text{mm}$

$\hat{\sigma}_{H_{P_1}} = 2.6\text{mm}$, $\hat{\sigma}_{H_{P_2}} = 2.6\text{mm}$, $\hat{\sigma}_{H_{P_3}} = 2.2\text{mm}$

7.4.46

(1) 有变化。

(2) 未增加 7、8 两条水准路线时，待定点平差后的协因数阵为

$$Q_{\hat{X}} = N_{BB}^{-1} = \dfrac{1}{32}\begin{bmatrix} 15 & 7 & 6 \\ 7 & 15 & 6 \\ 6 & 6 & 12 \end{bmatrix},$$

增加了 7、8 两条水准路线时，待定点平差后的协因数阵为

$$Q_{\hat{X}} = N_{BB}^{-1} = \dfrac{1}{10}\begin{bmatrix} 3 & 1 & 1 \\ 1 & 3 & 1 \\ 1 & 1 & 3 \end{bmatrix},$$

可以看出，后者的权要大于前者。

7.5.47

$$P_X = C \cdot \dfrac{S_1 + S_2}{S_1 S_2}$$

7.5.48

(1) $\hat{H}_P = 55.945\text{m}$ (2) $Q_P = \dfrac{1}{4}$

7.5.49

(1) $\hat{H}_P = 25.4652\text{m}$ (2) $P_{HP} = 1$ ($c = 1$)

7.5.50

(1) $75°18'10.4'' \pm 1.6''$ (2) $9.2''$

7.6.51

(1) 误差方程：

$$V = \begin{bmatrix} 0.6519 & -0.8397 \\ 0.0435 & 0.7440 \\ 0.0435 & -0.7440 \\ 0.7748 & 0.6498 \end{bmatrix}\begin{bmatrix} \hat{x}_p \\ \hat{y}_p \end{bmatrix} - \begin{bmatrix} -3.37'' \\ 7.08'' \\ -3.79'' \\ -1.79'' \end{bmatrix}$$

法方程：

$$\begin{bmatrix} 1.029\ 0 & 0.020\ 7 \\ 0.020\ 7 & 2.234\ 6 \end{bmatrix} \hat{x}_{21} - \begin{bmatrix} -3.02 \\ 11.24 \end{bmatrix} = 0$$

(2) $\hat{x} = [-3.04,\ 5.06]^T$ mm

$\hat{X}_P = 4\ 881.267$ $\hat{Y}_P = 346.865$ m

$$\hat{Q}_X = \begin{bmatrix} 0.972\ 0 & -0.009\ 0 \\ -0.009\ 0 & 0.447\ 6 \end{bmatrix}$$

7.6.52

$\delta\alpha_{AC} = -20\hat{x}_C + 34.4\hat{y}_C$, $\delta\alpha_{BC} = 20\hat{x}_C + 34.4\hat{y}_C$

误差方程：

$v_1 = 20\hat{x}_C - 34.4\hat{y}_C - l_1$

$v_2 = 20\hat{x}_C + 34.4\hat{y}_C - l_2$

$v_3 = -40\hat{x}_C - l_3$

$$B^T B = \begin{bmatrix} 2\ 400 & 0 \\ 0 & 2\ 366.72 \end{bmatrix}$$

所以，$Q_{\hat{x}_C} = 1/2\ 400 = 4.17 \times 10^{-4}$，$Q_{\hat{Y}_C} = 4.23 \times 10^{-4}$，$Q_{\hat{x}_C \hat{y}_C} = 0$（单位：m²/秒²）

7.6.53

(1) $\hat{X}_{P_1} = 855.091$ m, $\hat{Y}_{P_1} = 491.048$ m, $\sigma_{P_1} = 2.14$ cm

$\hat{X}_{P_2} = 634.237$ m, $\hat{Y}_{P_2} = 222.873$ m, $\sigma_{P_2} = 2.13$ cm

(2) $\hat{L}_1 = 94°15'25.7''$ $L_2 = 43°22'46.7''$ $L_3 = 38°26'29.0''$

$L_4 = 102°35'41.0''$ $L_5 = 38°57'50.0''$ $L_6 = 42°21'47.7''$

7.6.54

(1) 误差方程系数阵： 误差方程常数项阵：

$$\begin{bmatrix} 8.462\ 3 & 14.566\ 0 & 0.000\ 0 & 0.000\ 0 \\ -1.174\ 5 & -20.229\ 6 & 0.000\ 0 & 0.000\ 0 \\ -13.460\ 3 & -1.465\ 2 & 0.000\ 0 & 0.000\ 0 \\ 6.172\ 5 & 7.128\ 9 & 0.000\ 0 & 0.000\ 0 \\ -6.172\ 5 & -7.128\ 9 & -1.488\ 8 & 8.597\ 8 \\ 9.898\ 4 & -3.643\ 8 & -8.409\ 6 & -4.954\ 0 \\ -3.725\ 9 & 10.772\ 7 & 9.898\ 4 & -3.643\ 8 \\ 18.360\ 7 & 10.922\ 2 & -9.898\ 4 & 3.643\ 8 \\ -9.898\ 4 & 3.643\ 8 & 1.681\ 2 & -4.928\ 9 \\ -8.462\ 3 & -14.566\ 0 & 8.217\ 3 & 1.285\ 1 \end{bmatrix} \quad \begin{bmatrix} -0.76 \\ 3.85 \\ -0.81 \\ -1.58 \\ 3.32 \\ -1.81 \\ 2.10 \\ -4.93 \\ -1.68 \\ 5.11 \end{bmatrix}$$

法方程系数阵： 法方程常数项阵：

$$\begin{bmatrix} 948.936\ 9 & 466.275\ 9 & -378.854\ 2 & 16.286\ 9 \\ 466.275\ 9 & 1199.260\ 4 & -73.789\ 5 & -79.375\ 0 \\ -378.854\ 2 & -73.789\ 5 & 339.246\ 5 & -41.001\ 8 \\ 16.286\ 9 & -79.375\ 0 & -41.001\ 8 & 150.964\ 7 \end{bmatrix} \quad \begin{bmatrix} -173.18 \\ -227.94 \\ -227.94 \\ 26.73 \end{bmatrix}$$

(2) 参数协因数阵：

$$\begin{bmatrix} 0.002\,492 & -0.000\,807 & 0.002\,609 & 0.000\,015 \\ -0.000\,807 & 0.001\,147 & -0.000\,588 & 0.000\,530 \\ 0.002\,609 & -0.000\,588 & 0.005\,854 & 0.000\,999 \\ 0.000\,015 & 0.000\,530 & 0.000\,999 & 0.007\,173 \end{bmatrix}$$

参数改正数/cm：

0.06   −0.18   0.41   0.19

点号	坐标平差值/m		点号	坐标中误差/cm		
P	X	Y	P	σ_X	σ_Y	σ_P
1	777.417	320.645	1	0.06	0.04	0.07
2	844.976	504.162	2	0.09	0.10	0.13

(3)观测值改正数(″)：

−1.28 −0.33 0.22 0.71 −1.44 −1.25 −0.91 0.82 0.17 0.51

观测值平差值(角)：

55°28′11.92″ 97°41′53.57″ 93°02′06.22″ 44°03′52.31″ 50°42′42.86″
59°57′55.95″ 69°19′21.19″ 99°56′39.02″ 29°05′51.47″ 50°57′29.51″

单位权中误差 = 1.135(″)

7.6.55

(1) $X_C = 99\,544.094\,1$, $Y_C = 34\,356.691\,8$

$X_D = 100\,642.659\,7$, $Y_D = 32\,114.151\,4$

$X_E = 96\,463.730\,1$, $Y_E = 34\,970.449\,5$

(2) $\hat{\sigma}_0 = 1.82″$, $\sigma_{S_{CE}} = 1.99″$

$$\frac{\sigma_{S_{CE}}}{S_{CE}} = \frac{1}{100\,000}$$

7.7.56

(1)误差方程：

$V_1 = \hat{x}_2$

$V_2 = 0.763\hat{x}_1 + 0.645\hat{x}_2 - 3(\text{cm})$

$V_3 = \hat{x}_1$

(2) $\hat{x} = \begin{bmatrix} -1.1 \\ -1.0 \end{bmatrix}$(cm), $\hat{X} = \begin{bmatrix} 329.549 \\ 278.600 \end{bmatrix}$(m)

$V = \begin{bmatrix} -1.0 & 1.5 & -1.1 \end{bmatrix}^T$(cm)

$\hat{L} = \begin{bmatrix} 278.600 & 431.535 & 329.549 \end{bmatrix}^T$(m)

(3) $\hat{\varphi} = \hat{L}_2 = \sqrt{\hat{X}_1^2 + \hat{X}_2^2}$, $d\hat{\varphi} = 0.763\,7 d\hat{x}_1 + 0.645\,6 d\hat{x}_2$

$Q_{\hat{\varphi}} = Q_{\hat{L}_2} = 0.5$, $P_{\hat{L}_2} = 2$

7.7.57

(1)误差方程：

$$V = \begin{bmatrix} -0.827\ 9 & 0.560\ 8 \\ 0.724\ 6 & 0.689\ 2 \\ -0.539\ 7 & -0.841\ 8 \end{bmatrix} \begin{bmatrix} \hat{x}_P \\ \hat{y}_P \end{bmatrix} - \begin{bmatrix} 0.40 \\ 8.72 \\ 4.82 \end{bmatrix} (\text{cm})$$

(2)法方程：

$$\begin{bmatrix} 1.581\ 8 & 0.489\ 4 \\ 0.489\ 4 & 1.498\ 2 \end{bmatrix} \begin{bmatrix} \hat{x}_P \\ \hat{y}_P \end{bmatrix} - \begin{bmatrix} 3.38 \\ 2.17 \end{bmatrix} = 0$$

(3) $Q_{\hat{X}} = \begin{bmatrix} 0.745\ 2 & -0.243\ 4 \\ -0.243\ 4 & 0.747\ 0 \end{bmatrix}$

$$\hat{x} = \begin{bmatrix} \hat{x}_P \\ \hat{y}_P \end{bmatrix} = \begin{bmatrix} 1.99 \\ 0.80 \end{bmatrix} (\text{cm})$$

$\hat{X}_P = 719.920 (\text{m})$，$\hat{Y}_P = 332.808 (\text{m})$

(4) $V = \begin{bmatrix} -1.60 & -6.72 & -6.57 \end{bmatrix}^T (\text{cm})$

$\hat{L} = \begin{bmatrix} 192.462 & 168.348 & 246.658 \end{bmatrix}^T (\text{m})$

7.7.58

(1)误差方程系数阵：　　　　　　　　　误差方程常数项阵：

$$\begin{bmatrix} 0.000\ 0 & 0.000\ 0 & -0.004\ 1 & -1.000\ 0 \\ 0.000\ 0 & 0.000\ 0 & -0.500\ 4 & -0.865\ 8 \\ 0.924\ 5 & -0.381\ 2 & 0.000\ 0 & 0.000\ 0 \\ 0.457\ 9 & -0.889\ 0 & 0.000\ 0 & 0.000\ 0 \\ 0.917\ 0 & 0.398\ 8 & -0.917\ 0 & -0.398\ 8 \\ 0.000\ 0 & 0.000\ 0 & -0.975\ 4 & 0.220\ 4 \\ 0.434\ 8 & 0.900\ 5 & 0.000\ 0 & 0.000\ 0 \end{bmatrix} \quad \begin{bmatrix} 5.76 \\ 7.86 \\ 1.14 \\ 8.89 \\ 7.84 \\ 8.82 \\ 2.46 \end{bmatrix}$$

法方程系数阵：　　　　　　　　　　　法方程常数项阵：

$$\begin{bmatrix} 0.720\ 5 & 0.024\ 4 & -0.261\ 8 & -0.113\ 9 \\ 0.024\ 4 & 0.859\ 8 & -0.113\ 9 & -0.049\ 5 \\ -0.261\ 8 & -0.113\ 9 & 0.769\ 9 & 0.129\ 3 \\ -0.113\ 9 & -0.049\ 5 & 0.129\ 3 & 0.670\ 3 \end{bmatrix} \quad \begin{bmatrix} 4.91 \\ -1.51 \\ -7.28 \\ -4.17 \end{bmatrix}$$

(2)参数协因数阵：

$$\begin{bmatrix} 1.603\ 756 & 0.033\ 529 & 0.521\ 115 & 0.174\ 413 \\ 0.033\ 529 & 1.188\ 999 & 0.177\ 309 & 0.059\ 344 \\ 0.521\ 115 & 0.177\ 309 & 1.535\ 002 & -0.194\ 477 \\ 0.174\ 413 & 0.059\ 344 & -0.194\ 477 & 1.563\ 358 \end{bmatrix}$$

参数改正数/cm：

3.31　　−3.17　　−8.07　　−4.33

点号	坐标平差值/m		点号	坐标中误差/cm		
	X	Y	P			
1	880.300 1	366.993 3	1	3.68	3.17	4.86
2	585.751 3	238.928 7	2	3.60	3.63	5.12

(3)观测值改正数/cm：

-1.39　-0.07　3.13　-4.56　3.06　-1.90　-3.88
　观测值平差值/m：
　　249.101　380.912　317.437　226.884　321.185　215.090　194.806
7.8.59

点号	坐标平差值/m	
	X	Y
P_1	8 099.144	3 578.557
P_2	8 400.213	4 836.507
P_3	9 511.098	5 363.197

7.8.60

（1）$\hat{X}_2 = 203\ 046.363$m，$\hat{Y}_2 = -59\ 253.099$m

　　$\hat{X}_3 = 203\ 071.802$m，$\hat{Y}_3 = -59\ 451.609$m

（2）$V_\beta = \begin{bmatrix} -4.61 \\ -3.94 \\ -3.12 \\ -2.33 \end{bmatrix}$（″），$V_S = \begin{bmatrix} 3.49 \\ 3.43 \\ 6.24 \end{bmatrix}$（mm）

$\beta = \begin{bmatrix} 230 & 32 & 32 \\ 180 & 00 & 38 \\ 170 & 39 & 19 \\ 236 & 48 & 35 \end{bmatrix}$，$S = \begin{bmatrix} 204.955 \\ 200.133 \\ 345.159 \end{bmatrix}$（m）

7.8.61

（1）误差方程系数阵：　　　　　　　　　　　　　　　　　误差方程常数项阵：

$\begin{bmatrix} 2.024\ 9 & 3.627\ 4 & 0.000\ 0 & 0.000\ 0 & 0.000\ 0 & 0.000\ 0 & 0.000\ 0 & 0.000\ 0 \\ -0.665\ 3 & -6.673\ 1 & -1.359\ 7 & 3.045\ 6 & 0.000\ 0 & 0.000\ 0 & 0.000\ 0 & 0.000\ 0 \\ -1.359\ 7 & 3.045\ 6 & -1.438\ 0 & -4.947\ 8 & 2.797\ 7 & 1.902\ 1 & 0.000\ 0 & 0.000\ 0 \\ 0.000\ 0 & 0.000\ 0 & 0.000\ 0 & 0.000\ 0 & -0.707\ 6 & -2.831\ 2 & 0.000\ 0 & 0.000\ 0 \\ 0.000\ 0 & 0.000\ 0 & -2.797\ 7 & -1.902\ 1 & 3.505\ 3 & 4.733\ 4 & 0.000\ 0 & 0.000\ 0 \\ 0.000\ 0 & 0.000\ 0 & 4.460\ 5 & 0.726\ 0 & -2.797\ 7 & -1.902\ 1 & -1.662\ 8 & 1.176\ 1 \\ 0.000\ 0 & 0.000\ 0 & -1.662\ 8 & 1.176\ 1 & 0.000\ 0 & 0.000\ 0 & 4.297\ 7 & -1.415\ 8 \\ 0.000\ 0 & 0.000\ 0 & 0.000\ 0 & 0.000\ 0 & 0.000\ 0 & 0.000\ 0 & -2.634\ 8 & 0.239\ 7 \\ 1.359\ 7 & -3.045\ 6 & -3.022\ 5 & 4.221\ 8 & 0.000\ 0 & 0.000\ 0 & 1.662\ 8 & -1.176\ 1 \\ 0.873\ 2 & -0.487\ 4 & 0.000\ 0 & 0.000\ 0 & 0.000\ 0 & 0.000\ 0 & 0.000\ 0 & 0.000\ 0 \\ -0.913\ 1 & -0.407\ 7 & 0.913\ 1 & 0.407\ 7 & 0.000\ 0 & 0.000\ 0 & 0.000\ 0 & 0.000\ 0 \\ 0.000\ 0 & 0.000\ 0 & 0.000\ 0 & 0.000\ 0 & -0.970\ 2 & 0.242\ 5 & 0.000\ 0 & 0.000\ 0 \\ 0.000\ 0 & 0.000\ 0 & -0.562\ 2 & 0.827\ 0 & 0.562\ 2 & -0.827\ 0 & 0.000\ 0 & 0.000\ 0 \\ 0.000\ 0 & 0.000\ 0 & 0.000\ 0 & 0.000\ 0 & -0.577\ 5 & -0.816\ 4 & 0.577\ 5 & 0.816\ 4 \\ 0.000\ 0 & 0.000\ 0 & 0.000\ 0 & 0.000\ 0 & 0.000\ 0 & 0.000\ 0 & -0.090\ 6 & -0.995\ 9 \end{bmatrix} \begin{bmatrix} 14.08 \\ -20.24 \\ 19.84 \\ -16.40 \\ 31.00 \\ -13.74 \\ 12.93 \\ -14.32 \\ -3.30 \\ 94.51 \\ 41.23 \\ 14.75 \\ 78.38 \\ 84.62 \\ 7.50 \end{bmatrix}$

法方程系数阵：

$$\begin{bmatrix} 8.2692 & 3.4999 & -1.2633 & 10.4354 & -3.8040 & -2.5863 & 2.2609 & -1.5992 \\ 3.4999 & 76.2473 & 13.8930 & -48.2537 & 8.5208 & 5.7932 & -5.0644 & 3.5821 \\ -1.2633 & 13.8930 & 43.5629 & -3.1793 & -26.3145 & -24.4548 & -19.5929 & 11.1507 \\ 10.4354 & -48.2537 & -3.1793 & 57.1288 & -22.5334 & -19.8069 & 10.8630 & -5.7833 \\ -3.8040 & 8.5208 & -26.3145 & -22.5334 & 28.4608 & 29.2276 & 4.6522 & -3.2905 \\ -2.5863 & 5.7932 & -24.4548 & -19.8069 & 29.2276 & 37.6688 & 3.1629 & -2.2372 \\ 2.2609 & -5.0644 & -19.5929 & 10.8630 & 4.6522 & 3.1629 & 30.9457 & -10.6217 \\ -1.5992 & 3.5821 & 11.1507 & -5.7833 & -3.2905 & -2.2372 & -10.6217 & 4.8478 \end{bmatrix}$$

法方程常数项阵：

$$\begin{bmatrix} 11.56 \\ 255.37 \\ -161.19 \\ -226.80 \\ 214.75 \\ 256.04 \\ 111.14 \\ -33.44 \end{bmatrix}$$

参数协因数阵：

$$\begin{bmatrix} 11.18059 & -6.13983 & 3.89665 & -9.21211 & -2.54678 & 0.52824 & -1.31875 & -16.102030 \\ -6.13983 & 3.42460 & -2.14921 & 5.14386 & 1.49782 & -0.32719 & 0.75561 & 9.045392 \\ 3.89665 & -2.14921 & 9.42633 & 0.37700 & 11.72782 & -2.93735 & -1.20132 & -14.386140 \\ -9.21211 & 5.14386 & 0.37700 & 9.39876 & 8.02327 & -1.94447 & 0.85232 & 9.921569 \\ -2.54678 & 1.49782 & 11.72782 & 8.02327 & 20.98970 & -5.33948 & -0.67494 & -9.047156 \\ 0.52824 & -0.32719 & -2.93735 & -1.94447 & -5.33948 & 1.44607 & 0.14640 & 2.216586 \\ -1.31876 & 0.75561 & -1.20131 & 0.85232 & -0.67494 & 0.14640 & 0.40921 & 3.292685 \\ -16.10203 & 9.04539 & -14.38614 & 9.92157 & -9.04716 & 2.21659 & 3.29268 & 35.233905 \end{bmatrix}$$

参数改正数/mm：

2.76   2.74   5.34   2.78   10.98   2.76   5.96   4.80

点号　坐标平差值/m：

P	X	Y
1	663.473	323.673
2	719.945	348.883
3	754.231	298.463
4	778.426	431.565

(2) 单位权中误差 = 7.352(″)

(3) 点号　坐标中误差/mm：

P			
1	24.58	13.60	28.10
2	22.57	22.54	31.90
3	33.68	8.84	34.82
4	4.70	43.64	43.89

7.8.62

误差方程系数阵：

$$\begin{bmatrix}
-2.255\,0 & -1.989\,8 & 0.000\,0 & 0.000\,0 & 0.000\,0 & 0.000\,0 & 0.000\,0 & 0.000\,0 & 0.000\,0 & 0.000\,0 & 0.000\,0 & 0.000\,0 \\
3.182\,2 & 3.960\,2 & -0.927\,2 & -1.970\,4 & 0.000\,0 & 0.000\,0 & 0.000\,0 & 0.000\,0 & 0.000\,0 & 0.000\,0 & 0.000\,0 & 0.000\,0 \\
-0.927\,2 & -1.970\,4 & 3.227\,8 & 1.155\,0 & -2.300\,6 & 0.815\,5 & 0.000\,0 & 0.000\,0 & 0.000\,0 & 0.000\,0 & 0.000\,0 & 0.000\,0 \\
0.000\,0 & 0.000\,0 & -2.300\,6 & 0.815\,5 & 4.462\,5 & 0.182\,3 & -2.162\,0 & -0.997\,7 & 0.000\,0 & 0.000\,0 & 0.000\,0 & 0.000\,0 \\
0.000\,0 & 0.000\,0 & 0.000\,0 & 0.000\,0 & -2.162\,0 & -0.997\,7 & 2.979\,8 & -0.426\,9 & 0.000\,0 & 0.000\,0 & 0.000\,0 & 0.000\,0 \\
0.000\,0 & 0.000\,0 & 0.000\,0 & 0.000\,0 & 0.000\,0 & 0.000\,0 & -0.817\,8 & 1.424\,6 & 0.000\,0 & 0.000\,0 & 0.000\,0 & 0.000\,0 \\
0.000\,0 & 0.000\,0 & 0.000\,0 & 0.000\,0 & 0.000\,0 & 0.000\,0 & 0.000\,0 & 0.000\,0 & -1.659\,7 & 0.821\,6 & 0.000\,0 & 0.000\,0 \\
0.000\,0 & 0.000\,0 & -1.516\,3 & 2.664\,4 & 0.000\,0 & 0.000\,0 & 0.000\,0 & 0.000\,0 & 3.176\,0 & -3.486\,0 & 0.000\,0 & 0.000\,0 \\
0.927\,2 & 1.970\,4 & 0.589\,1 & -4.634\,8 & 0.000\,0 & 0.000\,0 & 0.000\,0 & 0.000\,0 & -1.516\,3 & 2.664\,4 & 0.000\,0 & 0.000\,0 \\
0.000\,0 & 0.000\,0 & 0.000\,0 & 0.000\,0 & 0.000\,0 & 0.000\,0 & 0.782\,5 & 4.030\,8 & 0.000\,0 & 0.000\,0 & -1.600\,3 & -2.606\,2 \\
0.000\,0 & 0.000\,0 & 0.000\,0 & 0.000\,0 & 0.000\,0 & 0.000\,0 & -1.600\,3 & -2.606\,2 & 0.000\,0 & 0.000\,0 & 4.704\,9 & 3.139\,8
\end{bmatrix}$$

$$\begin{bmatrix}
0.000\,0 & 0.000\,0 & 0.000\,0 & 0.000\,0 & 0.000\,0 & 0.000\,0 & 0.000\,0 & 0.000\,0 & 0.000\,0 & 0.000\,0 & -3.104\,6 & -0.533\,6 \\
0.000\,0 & 0.000\,0 & 0.000\,0 & 0.000\,0 & 2.162\,0 & 0.997\,7 & -3.762\,3 & -3.603\,9 & 0.000\,0 & 0.000\,0 & 1.600\,3 & 2.606\,2 \\
0.000\,0 & 0.000\,0 & -3.816\,8 & 3.479\,8 & 2.300\,6 & -0.815\,5 & 0.000\,0 & 0.000\,0 & 1.516\,3 & -2.664\,4 & 0.000\,0 & 0.000\,0 \\
-0.661\,6 & 0.749\,8 & 0.000\,0 & 0.000\,0 & 0.000\,0 & 0.000\,0 & 0.000\,0 & 0.000\,0 & 0.000\,0 & 0.000\,0 & 0.000\,0 & 0.000\,0 \\
0.904\,8 & -0.425\,8 & -0.904\,8 & 0.425\,8 & 0.000\,0 & 0.000\,0 & 0.000\,0 & 0.000\,0 & 0.000\,0 & 0.000\,0 & 0.000\,0 & 0.000\,0 \\
0.000\,0 & 0.000\,0 & -0.334\,1 & -0.942\,5 & 0.334\,1 & 0.942\,5 & 0.000\,0 & 0.000\,0 & 0.000\,0 & 0.000\,0 & 0.000\,0 & 0.000\,0 \\
0.000\,0 & 0.000\,0 & 0.000\,0 & 0.000\,0 & 0.419\,0 & -0.908\,0 & -0.419\,0 & 0.908\,0 & 0.000\,0 & 0.000\,0 & 0.000\,0 & 0.000\,0 \\
0.000\,0 & 0.000\,0 & 0.000\,0 & 0.000\,0 & 0.000\,0 & 0.000\,0 & -0.867\,3 & -0.497\,9 & 0.000\,0 & 0.000\,0 & 0.000\,0 & 0.000\,0 \\
0.000\,0 & 0.000\,0 & 0.000\,0 & 0.000\,0 & 0.000\,0 & 0.000\,0 & 0.000\,0 & 0.000\,0 & 0.443\,6 & 0.896\,2 & 0.000\,0 & 0.000\,0 \\
0.000\,0 & 0.000\,0 & 0.869\,1 & 0.494\,6 & 0.000\,0 & 0.000\,0 & 0.000\,0 & 0.000\,0 & -0.869\,1 & -0.494\,6 & 0.000\,0 & 0.000\,0 \\
0.000\,0 & 0.000\,0 & 0.000\,0 & 0.000\,0 & 0.000\,0 & 0.000\,0 & 0.852\,2 & -0.523\,3 & 0.000\,0 & 0.000\,0 & -0.852\,2 & 0.523\,3 \\
0.000\,0 & 0.000\,0 & 0.000\,0 & 0.000\,0 & 0.000\,0 & 0.000\,0 & 0.000\,0 & 0.000\,0 & 0.000\,0 & 0.000\,0 & 0.169\,4 & -0.985\,5
\end{bmatrix}$$

误差方程常数项阵：

$$\begin{bmatrix}
-5.24 \\
5.17 \\
11.00 \\
1.69 \\
-8.01 \\
0.36 \\
13.34 \\
-31.71 \\
16.39 \\
7.22 \\
-1.58 \\
1.31 \\
6.29 \\
-24.90 \\
-4.36 \\
22.35 \\
16.29 \\
41.06 \\
82.92 \\
69.34 \\
5.63 \\
11.31 \\
4.72
\end{bmatrix}$$

参数改正数/mm：

8.99 −4.27 −1.80 6.64 −6.60 −10.30 −12.17 0.27 7.24 22.89
−3.21 −2.17

(2)

点号	参数平差值		点号	坐标中误差/mm		
P	X	Y	P	σ_X	σ_Y	σ_P
1	825.819 0	272.245 7	1	14.88	15.39	21.41
2	740.105 2	312.585 6	2	15.12	13.75	20.44
3	768.333 4	392.219 7	3	16.18	19.98	25.71
4	732.028 8	470.885 3	4	14.00	11.15	17.90
5	681.637 2	279.322 9	5	14.80	18.98	24.06
6	674.563 8	506.174 8	6	8.17	17.38	19.21

7.9.63

(1)误差方程：

$$V = \begin{bmatrix} 1.00 & 0.00 & 0.00 & 0.00 & 0.00 & 0.00 \\ 0.00 & 1.00 & 0.00 & 0.00 & 0.00 & 0.00 \\ 0.00 & 0.00 & 1.00 & 0.00 & 0.00 & 0.00 \\ 0.00 & 0.00 & 0.00 & 1.00 & 0.00 & 0.00 \\ 0.00 & 0.00 & 0.00 & 0.00 & 1.00 & 0.00 \\ 0.00 & 0.00 & 0.00 & 0.00 & 0.00 & 1.00 \\ 1.00 & 0.00 & 0.00 & 0.00 & 0.00 & 0.00 \\ 0.00 & 1.00 & 0.00 & 0.00 & 0.00 & 0.00 \\ 0.00 & 0.00 & 1.00 & 0.00 & 0.00 & 0.00 \\ 0.00 & 0.00 & 0.00 & 1.00 & 0.00 & 0.00 \\ 0.00 & 0.00 & 0.00 & 0.00 & 1.00 & 0.00 \\ 0.00 & 0.00 & 0.00 & 0.00 & 0.00 & 1.00 \\ -1.00 & 0.00 & 0.00 & 1.00 & 0.00 & 0.00 \\ 0.00 & -1.00 & 0.00 & 0.00 & 1.00 & 0.00 \\ 0.00 & 0.00 & -1.00 & 0.00 & 0.00 & 1.00 \end{bmatrix} \begin{bmatrix} \hat{X}_3 \\ \hat{Y}_3 \\ \hat{Z}_3 \\ \hat{X}_4 \\ \hat{Y}_4 \\ \hat{Z}_4 \end{bmatrix} - \begin{bmatrix} 5.79 \\ 7.11 \\ -8.00 \\ -1.81 \\ -3.79 \\ -1.06 \\ 0.32 \\ -6.70 \\ 2.38 \\ -1.76 \\ 3.99 \\ -8.21 \\ -2.62 \\ -5.80 \\ 0.66 \end{bmatrix}$$

常数项单位为 cm。

法方程：

$$N = \begin{bmatrix} 0.125\ 0 & 0.135\ 1 & -0.084\ 8 & -0.037\ 3 & -0.040\ 7 & 0.024\ 5 \\ 0.135\ 1 & 0.256\ 9 & -0.126\ 4 & -0.040\ 7 & -0.080\ 0 & 0.038\ 0 \\ -0.084\ 8 & -0.126\ 4 & 0.149\ 8 & 0.024\ 5 & 0.038\ 0 & -0.044\ 7 \\ -0.037\ 3 & -0.040\ 7 & 0.024\ 5 & 0.089\ 8 & 0.101\ 0 & -0.057\ 4 \\ -0.040\ 7 & -0.080\ 0 & 0.038\ 0 & 0.101\ 0 & 0.215\ 8 & -0.097\ 6 \\ 0.024\ 5 & 0.038\ 0 & -0.044\ 7 & -0.057\ 4 & -0.097\ 6 & 0.110\ 3 \end{bmatrix} \hat{x} - \begin{bmatrix} 0.89 \\ 1.27 \\ -0.90 \\ -0.27 \\ -0.39 \\ 0.04 \end{bmatrix}$$

参数协因数阵：

$$Q_{\hat{x}\hat{x}} = \begin{bmatrix} 22.620\,304 & -9.484\,496 & 4.747\,137 & 8.680\,639 & -3.386\,006 & 1.682\,683 \\ -9.484\,496\,1 & 1.511\,957 & 4.388\,248 & -3.384\,450 & 4.094\,469 & 1.779\,732 \\ 4.747\,137 & 4.388\,248\,1 & 3.995\,193 & 1.686\,844 & 1.778\,182 & 5.551\,018 \\ 8.680\,639 & -3.384\,450 & 1.686\,844\,2 & 8.065\,997 & -10.817\,164 & 4.947\,777 \\ -3.386\,006 & 4.094\,469 & 1.778\,182 & -10.817\,164 & 12.916\,282 & 5.860\,772 \\ 1.682\,683 & 1.779\,732 & 5.551\,018 & 4.947\,777 & 5.860\,772 & 18.080\,173 \end{bmatrix}$$

(2) 参数改正数:

$\hat{x} = [3.03 \quad 1.48 \quad -3.77 \quad -1.04 \quad -1.44 \quad -4.17]^T$ (cm)

观测值改正数(cm):

$V = [-2.76 \quad -5.63 \quad 4.23 \quad 0.77 \quad 2.35 \quad -3.11 \quad 2.71 \quad 8.18 \quad -6.15$
$\quad 0.72 \quad -5.43 \quad 4.04 \quad -1.44 \quad 2.88 \quad -1.06]^T$

观测值平差值:

	ΔX	ΔY	ΔZ
1	-4 627.615 2	1 730.202 0	-885.358 1
2	-6 711.442 0	466.868 0	-3 961.613 9
3	-5 016.044 8	2 392.522 8	-221.456 8
4	-7 099.871 6	1 129.188 8	-3 297.712 6
5	-2 083.826 7	-1 263.334 0	-3 076.255 8

(3) 坐标平差值(m):

点	$\hat{X}$	$\hat{Y}$	$\hat{Z}$
G03	-2 416 372.736 2	-4 731 446.561 7	3 518 274.981 9
G04	-2 418 456.563 0	-4 732 709.895 7	3 515 198.726 1

单位权中误差 $\hat{\sigma}_0 = 0.389$ cm

坐标中误差(cm):

点	$\hat{\sigma}_x$	$\hat{\sigma}_y$	$\hat{\sigma}_z$
G03	1.85	1.32	2.27
G04	1.46	2.06	2.52

7.10.64

$\hat{\sigma}_{H_{P_1}} = 2.22$ mm, $\quad \hat{\sigma}_{H_{P_2}} = 1.98$ mm, $\quad \hat{\sigma}_{H_{P_3}} = 2.22$ mm

7.10.65

$\sigma_0 = \sigma_\beta$

角度观测值的权 $P_\beta = 1$,

边长观测值的权 $P_{S_1} = 0.357$, $P_{S_2} = 0.342$。

(1) 误差方程系数阵: 　　　　　　　　　　　　　　　误差方程常数项阵:

$$\begin{bmatrix} 0.0000 & 0.0000 & 5.7527 & -4.0952 \\ 3.6240 & 6.4014 & 0.0000 & 0.0000 \\ -3.6240 & -6.4014 & -0.9737 & 9.9321 \\ 0.0000 & 0.0000 & -4.7790 & -5.8370 \\ 12.3084 & 2.9791 & -6.5557 & -7.0743 \\ -8.6845 & 3.4223 & 12.3084 & 2.9791 \\ -6.9439 & 2.2556 & 0.0000 & 0.0000 \\ 3.3199 & -8.6571 & -5.7527 & 4.0952 \\ 0.8702 & -0.4926 & 0.0000 & 0.0000 \\ 0.0000 & 0.0000 & 0.5799 & 0.8147 \end{bmatrix} \quad \begin{bmatrix} -1.82 \\ -0.47 \\ 0.00 \\ -0.82 \\ 0.97 \\ 0.54 \\ 0.85 \\ 1.03 \\ 0.39 \\ 0.00 \end{bmatrix}$$

法方程系数阵： 法方程常数项阵：

$$\begin{bmatrix} 312.6930 & 8.7875 & -203.1524 & -135.3429 \\ 8.7875 & 182.6631 & 78.6282 & -109.9114 \\ -203.1524 & 78.6282 & 284.5640 & 54.3135 \\ -135.3429 & -109.9114 & 54.3135 & 225.4055 \end{bmatrix} \quad \begin{bmatrix} 3.16 \\ -5.34 \\ -12.13 \\ 11.26 \end{bmatrix}$$

（2）参数协因数阵：

$$\begin{bmatrix} 0.008103 & -0.000809 & 0.005403 & 0.003169 \\ -0.000809 & 0.011397 & -0.004921 & 0.006257 \\ 0.005403 & -0.004921 & 0.008983 & -0.001320 \\ 0.003169 & 0.006257 & -0.001320 & 0.009708 \end{bmatrix}$$

参数改正数/cm：

0.00 0.07 −0.08 0.10   单位权中误差＝0.958(″)

点号	坐标平差值/m		点号	坐标中误差/cm		
P	X	Y	P	σ_X	σ_Y	σ_P
1	870.181	278.297	1	0.09	0.10	0.13
2	831.864	436.604	2	0.09	0.09	0.13

（3）观测值改正数：

0.94 0.89 0.66 0.61 −0.97 −1.00 −0.70 −0.73 −0.42 0.04

观测值平差值（角）：

44°54′28.04″ 51°01′22.49″ 35°06′51.86″ 48°57′17.61″ 49°03′06.53″
46°52′44.00″ 50°29′47.40″

观测值平差值（边）/m：80.401 758 292.100 358

7.10.66

$\hat{X}_{P_1} = 4\,933.038\text{m}, \hat{Y}_{P_1} = 6\,513.767\text{m}$

$\hat{X}_{P_2} = 4\,684.394\text{m}, \hat{Y}_{P_2} = 7\,992.965\text{m}$

$\hat{\sigma}_0 = 5.4″, \hat{\sigma}_{P_1} = 3.1\text{cm}, \hat{\sigma}_{P_2} = 3.2\text{cm}$

7.10.67

(1) 抛物线方程：$\hat{y}_i^2 = 3.68 x_i$

(2) $\hat{a} = 3.68$，$\hat{\sigma}_{\hat{a}} = 0.039 \text{cm}$

7.10.68

面积的平差值：

$$\hat{L}_1 \cdot \hat{L}_2 = 70.078 \times 30.181 = 2\,115.02(\text{cm}^2)$$

7.10.69

(1) 直线方程：$y = 1.264x + 2.055$，$\hat{a} = 1.264$，$\hat{b} = 2.055$

(2) $\hat{\sigma}_{\hat{a}} = 0.01\text{cm}$，$\hat{\sigma}_{\hat{b}} = 0.034\text{cm}$

7.10.70

(1) 圆的方程：

$$(X - 1.399\,6)^2 + (Y - 1.555\,1)^2 = 118.55^2$$

(2) 圆的面积：

$$\hat{S} = r^2 \pi = (118.55)^2 \pi = 44\,152 \text{m}^2$$

$$\hat{\sigma}_S = 883 \text{m}^2$$

(3) 圆心的点位中误差：

$$\sigma_P = 1.43 \text{m}$$

7.10.71

平差值为：

$$\begin{bmatrix} \hat{X} \\ \hat{Y} \end{bmatrix} = \begin{bmatrix} \sum_{i=1}^{n} P_{X_i} & \sum_{i=1}^{n} P_{X_i Y_i} \\ \sum_{i=1}^{n} P_{Y_i X_i} & \sum_{i=1}^{n} P_{Y_i} \end{bmatrix}^{-1} \begin{bmatrix} \sum_{i=1}^{n} (X_i P_{X_i} + Y_i P_{X_i Y_i}) \\ \sum_{i=1}^{n} (X_i P_{Y_i X_i} + Y_i P_{Y_i}) \end{bmatrix}$$

平差值的协因数：

$$\begin{bmatrix} \sum_{i=1}^{n} P_{X_i} & \sum_{i=1}^{n} P_{X_i Y_i} \\ \sum_{i=1}^{n} P_{Y_i X_i} & \sum_{i=1}^{n} P_{Y_i} \end{bmatrix}^{-1}$$

其中，$\begin{bmatrix} P_{X_i} & P_{X_i Y_i} \\ P_{Y_i X_i} & P_{Y_i} \end{bmatrix} = \begin{bmatrix} Q_{X_i} & Q_{X_i Y_i} \\ Q_{Y_i X_i} & Q_{Y_i} \end{bmatrix}^{-1}$

7.10.72

(1)

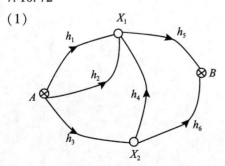

(2) $B^T PB = \begin{bmatrix} 5 & -2 \\ -2 & 4 \end{bmatrix}$, $B^T Pl = \begin{bmatrix} -1 \\ 5 \end{bmatrix}$

$$\hat{X} = \frac{1}{16} \begin{bmatrix} 6 \\ 23 \end{bmatrix} = \begin{bmatrix} 0.375 \\ 1.438 \end{bmatrix}$$

$V = [-13/8 \quad -5/8 \quad 23/16 \quad 15/16 \quad -3/8 \quad -7/16]^T$
$\quad = [-1.6 \quad -0.6 \quad 1.4 \quad 0.9 \quad -0.4 \quad -0.4]^T$ mm

(3) $\hat{\sigma}_0 = \sqrt{\dfrac{V^T PV}{r}} = \sqrt{\dfrac{7.1875}{4}} = 1.34$ mm

$$\hat{\sigma}_{1km} = \frac{\hat{\sigma}_0}{\sqrt{2}} = 0.95 \text{ mm}$$

7.10.73

设 B、C 的高程为 $\hat{X}_1$, $\hat{X}_2$,

$$B = \begin{bmatrix} 1 & 0 \\ -1 & 1 \\ 0 & -1 \\ 1 & 0 \end{bmatrix}, \quad P = \begin{bmatrix} 1 & & & \\ & 2 & & \\ & & 2 & \\ & & & 1 \end{bmatrix},$$

$B^T PV = 0$，所以结果正确。

7.10.74

设 P_1、P_2 的高程为 $\hat{X}_1$, $\hat{X}_2$,

$$B = \begin{bmatrix} 1 & 0 \\ 0 & 1 \\ -1 & 1 \\ -1 & 0 \\ 0 & -1 \\ 0 & 1 \end{bmatrix}, \quad B^T B = \begin{bmatrix} 3 & -1 \\ -1 & 4 \end{bmatrix}, \quad (B^T B)^{-1} = \frac{1}{11} \begin{bmatrix} 4 & 1 \\ 1 & 3 \end{bmatrix},$$

所以，$\sigma_{P_1} = 4\sqrt{\dfrac{4}{11}} = 2.41$ mm，$\sigma_{P_2} = 4\sqrt{\dfrac{3}{11}} = 2.1$ mm

7.10.75

$$\hat{L}_1 = \hat{\alpha}_{AB} - Z_A = -\hat{Z}_A + \arctan \frac{\hat{Y}_B - \hat{Y}_A}{\hat{X}_B - \hat{X}_A}$$

$$\hat{L}_2 = \hat{\alpha}_{AC} - Z_A = -\hat{Z}_A + \arctan \frac{Y_C - \hat{Y}_A}{X_C - \hat{X}_A}$$

$$\hat{L}_3 = \hat{\alpha}_{AD} - Z_A = -\hat{Z}_A + \arctan \frac{Y_D - \hat{Y}_A}{X_D - \hat{X}_A}$$

$$\hat{L}_4 = \hat{\alpha}_{AE} - Z_A = -\hat{Z}_A + \arctan \frac{\hat{Y}_E - \hat{Y}_A}{\hat{X}_E - \hat{X}_A}$$

7.10.76

$$B=\begin{bmatrix}1&0\\-1&1\\0&-1\\1&-1\end{bmatrix},\ l=\begin{bmatrix}0\\2\\0\\-4\end{bmatrix},\ B^{\mathrm{T}}B=\begin{bmatrix}3&-2\\-2&3\end{bmatrix},\ B^{\mathrm{T}}l=\begin{bmatrix}-6\\6\end{bmatrix}$$

(1) $\hat{x}=\begin{bmatrix}-1.2\\1.2\end{bmatrix}$, $\hat{\sigma}_0^2=\dfrac{5.6}{2}=2.8$

(2) $Q_{\hat{\varphi}}=\dfrac{2}{5}$, $\sigma_{\hat{\varphi}}=\sqrt{2.8\times\dfrac{2}{5}}=1.06(\mathrm{mm})$

7.10.77

令 $a=m\cos\alpha$, $b=m\sin\alpha$

$x_i=x_i'a-y_i'b$

$y_i=y_i'a+x_i'b$

$$V_{6\times1}=\begin{bmatrix}2&-1\\1&2\\1&-0.5\\0.5&1\\3&-1.5\\1.5&3\end{bmatrix}\begin{bmatrix}a\\b\end{bmatrix}-\begin{bmatrix}1.1\\2.8\\0.4\\1.6\\2.6\\4.6\end{bmatrix}$$

$B^{\mathrm{T}}B=\begin{bmatrix}17.5&0\\0&17.5\end{bmatrix}$, $B^{\mathrm{T}}l=\begin{bmatrix}20.9\\15.8\end{bmatrix}$

$\begin{bmatrix}a\\b\end{bmatrix}=\dfrac{1}{17.5}\begin{bmatrix}20.9\\15.8\end{bmatrix}=\begin{bmatrix}1.1943\\0.9028\end{bmatrix}$

$\alpha=37°05'11''$

$m=1.50$

第八章

8.1.01

限制条件方程是参数之间的条件方程，其个数为不独立参数个数；条件平差中的条件方程是观测值之间应满足的方程，其个数等于多余观测数。

8.1.02

在进行坐标平差时，选择待定点坐标为参数，有时会要求待定点坐标满足一定条件，这样会造成参数之间不独立，将参数之间应满足的函数关系全部列出，一起平差。在水准测量平差中，不常采用此方法。

8.1.03

参数大于必要观测数，但独立的参数必须等于必要观测数。

8.1.04

(a) $u=4$, $s=1$, $r+u=6$　　　　　　(b) $u=4$, $s=1$, $r+u=6$

　　误差方程：　　　　　　　　　　　　　误差方程：

$$\tilde{L}_1 = \tilde{X}_1 \qquad\qquad \tilde{h}_1 = \tilde{X}_1$$

$$\tilde{L}_2 = \tilde{X}_2 \qquad\qquad \tilde{h}_2 = \tilde{X}_2$$

$$\tilde{L}_3 = \tilde{X}_3 \qquad\qquad \tilde{h}_3 = -\tilde{X}_2 - \tilde{X}_3$$

$$\tilde{L}_4 = -\tilde{X}_1 - \tilde{X}_2 + 360° \qquad\qquad \tilde{h}_4 = \tilde{X}_3$$

$$\tilde{L}_5 = -\tilde{X}_1 - \tilde{X}_2 - \tilde{X}_3 + 360° \qquad\qquad \tilde{h}_5 = \tilde{X}_4$$

限制条件：$\tilde{X}_1 + \tilde{X}_2 - \tilde{X}_4 = 0$ 　　　　限制条件：$\tilde{X}_1 - \tilde{X}_4 + \tilde{X}_5 + H_A - H_B = 0$

8.1.05

本题 $n=8$，$t=4$，$u=5$，$s=1$

令 L_3、L_4、L_5、L_6、L_8 的观测值为参数的近似值 X_i^0 ($i=1$, 2, $\cdots$, 5)，且 $\hat{X} = X^0 + \hat{x}$。

误差方程：
$$V_1 = \quad\quad \hat{x}_2 + \hat{x}_3 \quad\quad -\hat{x}_5 - l_1$$
$$V_2 = -\hat{x}_1 - \hat{x}_2 - \hat{x}_3 \quad\quad -l_2$$
$$V_3 = \hat{x}_1$$
$$V_4 = \quad\quad \hat{x}_2$$
$$V_5 = \quad\quad\quad\quad \hat{x}_3$$
$$V_6 = \quad\quad\quad\quad\quad\quad \hat{x}_4$$
$$V_7 = \quad\quad -\hat{x}_2 - \hat{x}_3 - \hat{x}_4 \quad -l_7$$
$$V_8 = \quad\quad\quad\quad\quad\quad\quad\quad x_5$$

其中，常数项：
$$l_1 = L_1^0 - (X_2^0 + X_3^0 - X_5^0)$$
$$l_2 = L_2 - (180° - X_1^0 - X_2^0 - X_3^0)$$
$$l_7 = L_7 - (180° - X_2^0 - X_3^0 - X_4^0)$$

限制条件

$[\cot X_1^0 - \cot(X_1^0 + X_2^0)]\hat{x}_1 - [\cot(X_1^0 + X_2^0) + \cot(-X_2^0 - X_3^0 - X_4^0 + X_5^0)]\hat{x}_2 + [\cot X_3^0 - \cot(-X_2^0 - X_3^0 - X_4^0 + X_5^0)]\hat{x}_3 - [\cot X_4^0 + \cot(-X_2^0 - X_3^0 - X_4^0 + X_5^0)]\hat{x}_4 + [\cot(-X_2^0 - X_3^0 - X_4^0 + X_5^0) - \cot X_5^0]\hat{x}_5 + W_x = 0$

$$W_x = \left(1 - \frac{\sin(X_1^0 + X_2^0)\sin X_4^0 \sin X_5^0}{\sin X_1^0 \sin X_3^0 \sin(-X_2^0 - X_3^0 - X_4^0 + X_5^0 + 180°)}\right)\rho''$$

8.1.06

本题 $n=5$，$t=2$，$u=3$，$s=1$

令参数近似值 $X_1^0 = L_1$，$X_2^0 = L_2$，$X_3^0 = L_3$。

误差方程：
$$V_1 = \hat{x}_1$$
$$V_2 = x_2 \hat{x}_2$$
$$V_3 = \quad\quad \hat{x}_3$$
$$V_{S_1} = -S_1^0 \cot X_2^0 \hat{x}_2 + S_1^0 \cot X_3^0 \hat{x}_3 - l_4$$
$$V_{S_2} = S_2^0 \cot X_1^0 \hat{x}_1 - S_2^0 \cot X_2^0 \hat{x}_2 - l_5$$

常数项：$l_4 = S_1 - S_1^0$　　其中，$S_1^0 = S_{AC} \dfrac{\sin X_3^0}{\sin X_2^0}$

$$l_5 = S_2 - S_2^0 \quad \text{其中，} \quad S_2^0 = S_{AC}\frac{\sin X_1^0}{\sin X_2^0}$$

限制条件：$\hat{x}_1 + \hat{x}_2 + \hat{x}_3 + W_x = 0$
$\qquad\qquad W_x = X_1^0 + X_2^0 + X_3^0 - 180°$

8.1.07

(a) $u = 3$，$s = 2$，$r + u = 6$

误差方程：$\tilde{L}_1 = \tilde{X}_1$
$\qquad\qquad \tilde{L}_2 = \tilde{X}_2$
$\qquad\qquad \tilde{L}_3 = \tilde{X}_3$
$\qquad\qquad \tilde{L}_4 = \tilde{X}_2$
$\qquad\qquad \tilde{X}_1 - \tilde{X}_3 = 0$

限制条件：$\tilde{X}_1^2 + \tilde{X}_2^2 - S^2 = 0$

(b) $u = 2$，$s = 1$，$r + u = 6$

误差方程：$\tilde{y}_1 = \tilde{a} + \tilde{b}$
$\qquad\qquad \tilde{y}_2 = 2\tilde{a} + \tilde{b}$
$\qquad\qquad \tilde{y}_3 = 3\tilde{a} + \tilde{b}$
$\qquad\qquad \tilde{y}_4 = 4\tilde{a} + \tilde{b}$
$\qquad\qquad \tilde{y}_5 = 5\tilde{a} + \tilde{b}$

限制条件：$3.5\tilde{a} + \tilde{b} - y_0 = 0$

8.1.08

(1) 误差方程：

$V_1 = \hat{x}_1$
$V_2 = \quad\ \hat{x}_2$
$V_3 = \hat{x}_1 + \hat{x}_2 \qquad + 4(\text{mm})$
$V_4 = \qquad\qquad \hat{x}_3$

限制条件：
$\hat{x}_2 - \hat{x}_3 - 2 = 0$

(2) 法方程：
$$\begin{bmatrix} 3 & 1 & 0 & 0 \\ 1 & 3 & 0 & 1 \\ 0 & 0 & 1 & -1 \\ 0 & 1 & -1 & 0 \end{bmatrix} \begin{bmatrix} \hat{x}_1 \\ \hat{x}_2 \\ \hat{x}_3 \\ K_S \end{bmatrix} - \begin{bmatrix} -4 \\ -4 \\ 0 \\ 2 \end{bmatrix} = 0$$

8.1.09

本题 $n = 9$，$t = 4$，$u = 5$，$s = 1$

取角度观测值 $L_1 \sim L_5$ 为近似值 $X_i^0 (i = 1, 2, \cdots, 5)$。

误差方程：$V_1 = \hat{x}_1$
$\qquad\qquad V_2 = \hat{x}_2$
$\qquad\qquad V_3 = \hat{x}_3$
$\qquad\qquad V_4 = \hat{x}_4$
$\qquad\qquad V_5 = \hat{x}_5$
$\qquad\qquad V_6 = -\hat{x}_2 - \hat{x}_3 - l_6$
$\qquad\qquad V_7 = -\hat{x}_4 - \hat{x}_5 - l_7$
$\qquad\qquad V_8 = -\hat{x}_1 + \hat{x}_3 + \hat{x}_5 - l_8$

$$V_9 = -\hat{x}_3 - \hat{x}_5 - l_9$$

其中，常数项：$l_6 = L_6 - (180° - X_2^0 - X_3^0)$

$$l_7 = L_7 - (180° - X_4^0 - X_5^0)$$
$$l_8 = L_8 + X_1^0 - X_3^0 - X_5^0 + 180°$$
$$l_9 = L_9 - (360° - X_3^0 - X_5^0)$$

限制条件：

$(\cot L_1 + \cot L_8)\hat{x}_1 - (\cot L_2 + \cot L_6)\hat{x}_2 - (\cot L_6 + \cot L_8)\hat{x}_3 - (\cot L_4 + \cot L_9)\hat{x}_4 - (\cot L_7 + \cot L_8)\hat{x}_5 - W_x = 0$

其中：$W_x = \rho'' \left(\dfrac{\sin L_2 \sin L_4 \sin L_8}{\sin L_1 \sin L_7 - \sin L_8} - 1 \right) - \cot L_6 \cdot l_6 - \cot L_7 \cdot l_7 + \cot L_8$

8.1.10

本题 $n=5$，$t=2$，$u=4$，$s=2$

误差方程：$V_1 = \dfrac{\Delta X_{A_1}^0}{S_{A_1}^0}\hat{x}_1 + \dfrac{\Delta Y_{A_1}^0}{S_{A_1}^0}\hat{y}_1 - l_1$

$$V_2 = \dfrac{\Delta X_{B_1}^0}{S_{B_1}^0}\hat{x}_1 + \dfrac{\Delta Y_{B_1}^0}{S_{B_1}^0}\hat{y}_1 - l_2$$

$$V_3 = \dfrac{\Delta X_{B_2}^0}{S_{B_2}^0}\hat{x}_2 + \dfrac{\Delta Y_{B_2}^0}{S_{B_2}^0}\hat{y}_2 - l_3$$

$$V_4 = \dfrac{\Delta X_{A_2}^0}{S_{A_2}^0}\hat{x}_2 + \dfrac{\Delta Y_{A_2}^0}{S_{A_2}^0}\hat{y}_2 - l_4$$

常数项：$l_1 = S_1 - \sqrt{(X_1^0 - X_A)^2 + (Y_1^0 - Y_A)^2}$

$$l_2 = S_2 - \sqrt{(X_1^0 - X_B)^2 + (Y_1^0 - Y_B)^2}$$
$$l_3 = S_3 - \sqrt{(X_2^0 - X_B)^2 + (Y_2^0 - Y_B)^2}$$
$$l_4 = S_4 - \sqrt{(X_2^0 - X_A)^2 + (Y_2^0 - Y_A)^2}$$

限制条件：$-\dfrac{\rho \Delta Y_{A_1}^0}{(S_{A_1}^0)^2 \cdot 100}\hat{x}_1 + \dfrac{\rho \Delta X_{A_1}^0}{(S_{A_1}^0)^2 \cdot 100}\hat{y}_1 - W_{x_1} = 0$

$$\dfrac{\rho \Delta Y_{B_2}^0}{(S_{B_2}^0)^2 \cdot 100}\hat{x}_2 - \dfrac{\rho \Delta X_{B_2}^0}{(S_{B_2}^0)^2 \cdot 100}\hat{y}_2 - W_{x_2} = 0$$

其中：$W_{x_1} = \alpha_{A_1} - \alpha_{A_1}^0$，$W_{x_2} = \alpha_{B_2} - \alpha_{B_2}^0$

8.1.11

(1) $n=4$，$t=3$，$r=1$

(2) 设 4 个参数 $(\hat{X}_C \quad \hat{Y}_C)$、$(\hat{X}_D \quad \hat{Y}_D)$

4 个观测方程：

$$\hat{S}_1 = \sqrt{(\hat{X}_C - X_A)^2 + (\hat{Y}_C - Y_A)^2}$$

$$\hat{S}_2 = \sqrt{(\hat{X}_D - X_B)^2 + (\hat{Y}_D - Y_B)^2}$$

$$\hat{\beta}_1 = \arctan \dfrac{\hat{Y}_D - \hat{Y}_C}{\hat{X}_D - \hat{X}_C} - \arctan \dfrac{Y_A - \hat{Y}_C}{X_A - \hat{X}_C}$$

$$\hat{\beta}_1 = \arctan\frac{\hat{Y}_B - \hat{Y}_D}{\hat{X}_B - \hat{X}_D} - \arctan\frac{\hat{Y}_C - \hat{Y}_D}{\hat{X}_C - \hat{X}_D}$$

1 个限制条件：$\sqrt{(\hat{X}_C - \hat{X}_D)^2 + (\hat{Y}_C - \hat{Y}_D)^2} - S_0 = 0$

8.1.12

(1) $\hat{H}_{P_1} = 4.60\text{m}$, $\hat{H}_{P_2} = 5.12\text{m}$

(2) 改正数向量 $V = [2 \ 0 \ 1 \ 3 \ 2]^T$ (cm)

平差值向量 $\hat{L} = [3.60 \ 5.40 \ 4.12 \ 4.88 \ 0.52]^T$ (m)

8.1.13

(1) 用附有限制条件的间接平差

$X_1^0 = L_1$, $X_2^0 = L_2$

$v_1 = \hat{x}_1$, $v_2 = \hat{x}_2$

$7.5\hat{x}_1 + 9.4\hat{x}_2 + 0.30 = 0$

$$\begin{bmatrix} 1 & 0 \\ 0 & 1 \\ 7.5 & 9.4 \end{bmatrix}\begin{bmatrix} \hat{x}_1 \\ \hat{x}_2 \end{bmatrix} - \begin{bmatrix} 0 \\ 0 \\ -0.3 \end{bmatrix} = 0$$

$$\begin{bmatrix} \hat{x}_1 \\ \hat{x}_2 \end{bmatrix} = \begin{bmatrix} 57.25 & 70.5 \\ 70.5 & 89.36 \end{bmatrix}^{-1}\begin{bmatrix} -2.25 \\ -2.82 \end{bmatrix} = \begin{bmatrix} -0.015\ 5 \\ -0.019\ 4 \end{bmatrix} \text{(cm)}$$

$$\begin{bmatrix} \hat{X}_1 \\ \hat{X}_2 \end{bmatrix} = \begin{bmatrix} -0.015\ 5 \\ -0.019\ 4 \end{bmatrix} + \begin{bmatrix} 9.4 \\ 7.5 \end{bmatrix} = \begin{bmatrix} 9.384\ 5 \\ 7.480\ 6 \end{bmatrix} \text{(cm)}$$

(2) $S = \sqrt{\hat{X}_1^2 + \hat{X}_2^2} = 12$ (cm)

8.1.14

(1) 误差方程为 ($\hat{x}_P$、$\hat{y}_P$ 的单位为 cm):

$$V = \begin{bmatrix} -0.936\ 7 & 0.350\ 2 \\ -0.196\ 0 & -0.980\ 6 \\ 0.918\ 9 & -0.394\ 5 \end{bmatrix}\begin{bmatrix} \hat{x}_P \\ \hat{y}_P \end{bmatrix} - \begin{bmatrix} 5.22 \\ 5.56 \\ 6.47 \end{bmatrix} \text{(cm)}$$

限制条件：

$0.132\ 7\hat{x}_P + 0.309\ 2\hat{y}_P - 3.08'' = 0$

(2) $\hat{x}_P = 5.33$cm, $\hat{y}_P = 7.67$cm

$\hat{X}_P = 57\ 578.983$cm, $\hat{Y}_P = 70\ 998.337$m

(3) $V = \begin{bmatrix} -7.53 \\ -14.13 \\ -4.60 \end{bmatrix}$ (cm), $\hat{S} = \begin{bmatrix} 3\ 128.785 \\ 3\ 367.059 \\ 6\ 129.834 \end{bmatrix}$ (m)

8.1.15

(1) 误差方程：

$V_1 = 1.03\hat{x}_P - 1.78\hat{y}_P - 5''$

$V_2 = 1.03\hat{x}_P - 1.78\hat{y}_P + 2''$

$V_3 = -2.06\hat{x}_P$

$V_4 = 0.87\hat{x}_P - 0.50\hat{y}_P - 1.2(\text{cm}) = 0$

限制条件：

$0.87\hat{x}_P + 0.50\hat{y}_P - \hat{x}_{AP} - 3.2(\text{cm}) = 0$

(2) 法方程：

$$\begin{bmatrix} 9.29 & -1.74 & 0 & 0.87 \\ -1.74 & 7.34 & 0 & 0.50 \\ 0 & 0 & 0 & -1 \\ 0.87 & 0.50 & -1 & 0 \end{bmatrix} \begin{bmatrix} \hat{x}_P \\ \hat{y}_P \\ \hat{x}_{AP} \\ K_S \end{bmatrix} - \begin{bmatrix} 7.27 \\ -14.86 \\ 0 \\ 3.2 \end{bmatrix} = 0$$

$\hat{X}_P = 866.004\text{m}$，$\hat{Y}_P = 499.981\text{m}$，$\hat{X}_{AP} = 999.971\text{m}$

(3) $V = \begin{bmatrix} -1.33'' \\ -0.95'' \\ -0.72'' \\ 0.03\text{cm} \end{bmatrix}$，$\hat{L} = \begin{bmatrix} \hat{\beta}_1 \\ \hat{\beta}_2 \\ \hat{\beta}_3 \\ \hat{S} \end{bmatrix} = \begin{bmatrix} 60°00'3.67'' \\ 59°59'57.05'' \\ 59°59'59.28'' \\ 999.9903\text{m} \end{bmatrix}$

8.2.16

(1) $V = \begin{bmatrix} 1 & 0 \\ 0 & 1 \\ 1 & 0 \\ 0 & 1 \end{bmatrix} \begin{bmatrix} \hat{x}_1 \\ \hat{x}_2 \end{bmatrix} - \begin{bmatrix} 0 \\ 0 \\ 6 \\ -8 \end{bmatrix}$

$0.38\hat{x}_1 + \hat{x}_2 + 2.24 = 0$

(2) $\hat{L} = \begin{bmatrix} 8.652 & 3.256 & 8.652 & 3.256 \end{bmatrix}^T (\text{cm})$

(3) $Q_{\hat{X}} = \begin{bmatrix} 0.437 & -0.166 \\ -0.166 & 0.063 \end{bmatrix}$

8.2.17

(1) 误差方程：$V_1 = \hat{x}_1$

$V_2 = \hat{x}_2$

$V_3 = \hat{x}_3$

$V_4 = -\hat{x}_3 + 4''$

限制条件：$\hat{x}_1 + \hat{x}_2 + \hat{x}_3 - 8'' = 0$

(2) 法方程及其解：

$$\begin{bmatrix} 1 & 0 & 0 & 1 \\ 0 & 1 & 0 & 1 \\ 0 & 0 & 2 & 1 \\ 1 & 1 & 1 & 0 \end{bmatrix} \begin{bmatrix} \hat{x}_1 \\ \hat{x}_2 \\ \hat{x}_3 \\ K_S \end{bmatrix} - \begin{bmatrix} 0 \\ 0 \\ 4 \\ 8 \end{bmatrix} = 0$$

$\hat{x} = \begin{bmatrix} 4 & -4 & 0 \end{bmatrix}^T ('')$ $K_S = -4$

$\hat{X} = \begin{bmatrix} 36°25'14'' \\ 48°16'36'' \\ 95°18'10'' \end{bmatrix}$，$Q_{\hat{X}} = \dfrac{1}{5} \begin{bmatrix} 3 & -2 & -1 \\ -2 & 3 & -1 \\ -1 & 1 & 2 \end{bmatrix}$

(3) $\hat{L}_4 = 264°41'50'' - \dfrac{1}{P_{L_4}} = \dfrac{2}{5} = 0.4$

8.2.18

(1) 法方程：$\begin{bmatrix} 3 & 1 & 3 \\ 1 & 2 & 2 \\ 3 & 2 & 0 \end{bmatrix} \begin{bmatrix} \hat{x}_1 \\ \hat{x}_2 \\ K_S \end{bmatrix} - \begin{bmatrix} -1 \\ -8 \\ -5 \end{bmatrix} = 0$

(2) $\hat{x}_1 = 1.3$，$\hat{x}_2 = -4.5$，$K_S = -0.2$

(3) $Q_{\hat{\varphi}} = 4.0$

8.2.19

(1) 证明：$\begin{bmatrix} \hat{x} \\ k_s \end{bmatrix} = \begin{bmatrix} N_{BB} & C^T \\ C & 0 \end{bmatrix}^{-1} \begin{bmatrix} B^T Pl \\ -w_x \end{bmatrix}$，$\begin{bmatrix} N_{BB} & C^T \\ C & 0 \end{bmatrix}^{-1} = \begin{bmatrix} R_{uu} & R_{us} \\ R_{su} & R_{ss} \end{bmatrix}$

$\hat{x} = R_{uu} B^T Pl - R_{us} w_x$

$k_s = R_{su} B^T Pl - R_{ss} w_x$

其中：$R_{uu} = N_{BB}^{-1} - N_{BB}^{-1} C^T N_{CC}^{-1} C N_{BB}^{-1}$

　　　$R_{us} = N_{BB}^{-1} C^T N_{CC}^{-1}$

　　　$R_{ss} = -N_{CC}^{-1}$

　　　$N_{CC} = C N_{BB}^{-1} C^T$

因为 $V = B\hat{x} - l = (B R_{uu} B^T P - I)l + V^0$

$\hat{L} = L + V = B R_{uu} B^T Pl + \hat{L}^0$

$Q_{V\hat{L}} = (B R_{uu} B^T P - I) Q P B R_{uu} B^T = B R_{uu} N_{BB} R_{uu} B^T - B R_{uu} B^T$

又因为　$R_{uu} N_{BB} R_{uu} = R_{uu}$

所以　$Q_{V\hat{L}} = B R_{uu} B^T - B R_{uu} B^T = 0$

得证。

(2) 因为 $\hat{\varphi} = f^T \hat{x} + f_0 = f^T R_{uu} B^T Pl + \hat{\varphi}^0$

$k_s = R_{su} B^T Pl - R_{ss} w_x$

所以　$Q_{\hat{\varphi} k_S} = f^T R_{uu} B^T P Q P B R_{us} = f^T (N_{BB}^{-1} C^T N_{CC}^{-1} - N_{BB}^{-1} C^T N_{CC}^{-1}) = 0$

得证。

8.3.20

$X_1^0 = H_B + h_1 = 12.723\text{m}$，$X_2^0 = H_A + h_3 = 15.411\text{m}$，$X_3^0 = h_1 = 2.513\text{m}$

(1) 误差方程：$V_1 = \hat{x}_3$

　　　　　　　$V_2 = -\hat{x}_1 - 8$

　　　　　　　$V_3 = \hat{x}_2$

　　　　　　　$V_4 = -\hat{x}_1 + \hat{x}_2 - 2$

　限制条件：$-\hat{x}_1 + \hat{x}_3 = 0$

(2) 法方程为：

$\begin{bmatrix} 2 & -1 & 0 & -1 \\ -1 & 2 & 0 & 0 \\ 0 & 0 & 1 & 1 \\ -1 & 0 & 1 & 0 \end{bmatrix} \begin{bmatrix} \hat{x}_1 \\ \hat{x}_2 \\ \hat{x}_3 \\ K_S \end{bmatrix} - \begin{bmatrix} -10 \\ 2 \\ 0 \\ -3 \end{bmatrix} = 0$

(3) $\hat{H}_{P_1} = 12.719\text{m}$, $\hat{H}_{P_2} = 15.410\text{m}$, $\hat{h}_1 = 2.509\text{m}$, $Q_{\hat{X}} = \dfrac{1}{5}\begin{bmatrix} 2 & 1 & 2 \\ 1 & 3 & 1 \\ 2 & 1 & 2 \end{bmatrix}$

(4) $\hat{\sigma}_0 = 4.12\text{mm}$ $\sigma_{\hat{h}_1} = 2.60\text{mm}$

(5) $\hat{h} = \begin{bmatrix} 2.509 & 0.421 & 2.270 & 2.691 \end{bmatrix}^T \text{m}$

8.3.21

(1) $t = 1$, $r = 2$,

(2) $v_1 = \hat{x}_1 + \hat{x}_2 + 3$

$\quad v_2 = \hat{x}_1 - \hat{x}_2 - 5$

$\quad v_3 = \hat{x}_2 + 4$

将 $\hat{x}_1 = 2\hat{x}_2 + 2$ 代入上式，则有

$v_1 = 3\hat{x}_2 + 5$

$v_2 = \hat{x}_2 - 3$

$v_3 = \hat{x}_2 + 4$

$\hat{x} = \begin{bmatrix} -\dfrac{10}{11} & -\dfrac{16}{11} \end{bmatrix}^T$, $V = \begin{bmatrix} \dfrac{7}{11} & -4\dfrac{5}{11} & 2\dfrac{6}{11} \end{bmatrix}^T$ 或 $V = \begin{bmatrix} 0.64 & -4.45 & 2.54 \end{bmatrix}^T$

8.3.22

(1) 误差方程（$\hat{x}_i$、$\hat{y}_i$ 以 mm 为单位）：

$$V_{6\times1} = \begin{bmatrix} -0.4091 & 0.5339 & -0.5973 & -0.4542 \\ 1.0064 & -0.0797 & 0.0930 & 1.1224 \\ -0.5973 & -0.4542 & 0.5043 & -0.6682 \\ 0.5973 & 0.4542 & 0.2436 & -0.5522 \\ 0.1245 & -1.0451 & -0.8409 & 0.0981 \\ -0.7219 & 0.5909 & 0.5973 & 0.4542 \end{bmatrix} \begin{bmatrix} \hat{x}_1 \\ \hat{y}_1 \\ \hat{x}_2 \\ \hat{y}_2 \end{bmatrix} - \begin{bmatrix} -12.29 \\ 6.51 \\ 5.99 \\ 2.72 \\ -17.37 \\ 7.65 \end{bmatrix}$$

限制条件：

$0.6053\hat{x}_1 - 0.7960\hat{y}_1 - 0.6053\hat{x}_2 + 0.7960\hat{y}_2 + 8 = 0$

(2) 法方程：

$$\begin{bmatrix} 2.4302 & -0.3128 & -0.3537 & 1.0689 & 0.6053 \\ -0.3128 & 2.1454 & 0.7870 & -0.1134 & -0.7960 \\ -0.3537 & 0.7870 & 1.7430 & 0.0930 & -0.6053 \\ 1.0689 & -0.1134 & 0.0930 & 2.4334 & 0.7960 \\ 0.6053 & -0.7960 & -0.6053 & 0.7960 & 0 \end{bmatrix} \begin{bmatrix} \hat{x}_1 \\ \hat{y}_1 \\ \hat{x}_2 \\ \hat{y}_2 \end{bmatrix} - \begin{bmatrix} 1.93 \\ 14.11 \\ 30.81 \\ 9.16 \\ -8 \end{bmatrix} = 0$$

坐标平差值：$X = \begin{bmatrix} \hat{X}_1 \\ \hat{Y}_1 \\ \hat{X}_2 \\ \hat{Y}_2 \end{bmatrix} = \begin{bmatrix} 850.013 \\ 275.270 \\ 683.648 \\ 494.082 \end{bmatrix}$ (m)

(3) $\hat{\sigma}_0 = 2.8''$, $\hat{\sigma}_{X_1} = 2.1\text{mm}$, $\sigma_{Y_1} = 2.2\text{mm}$, $\sigma_{P_1} = 3.00\text{mm}$

$\hat{\sigma}_{X_2}=2.4$mm, $\sigma_{Y_2}=2.1$mm, $\sigma_{P_2}=3.18$mm

(4) $\hat{L}_1=41°46'32.0''$, $\hat{L}_2=90°12'35.1''$, $\hat{L}_3=48°00'52.8''$

$\hat{L}_4=43°54'6.4''$, $\hat{L}_5=76°32'54.8''$, $\hat{L}_6=59°32'58.7''$

8.3.23

(1) 误差方程：$V=\begin{bmatrix} 1.3916 & -0.0094 \\ 0.0180 & 1.9118 \\ 0.0067 & 1.0000 \\ 1.0000 & -0.0094 \end{bmatrix}X-\begin{bmatrix} 14.46 \\ 5.51 \\ 60.64 \\ 82.24 \end{bmatrix}$

限制条件：

$-1.4095\hat{x}_P-1.9024\hat{y}_P+548''=0$

(2) 法方程系数阵：

$\begin{bmatrix} 1.9468 & 0.0213 & -1.4095 & 21.05 \\ 0.0213 & 3.6651 & -1.9024 & 10.99 \\ -1.4095 & -1.9024 & 0 & -548 \end{bmatrix}$

$\hat{x}_P=0.201$dm　$\hat{y}_P=0.139$dm，$K_S=0.264$

(3) 坐标平差值：

$\hat{X}_P=882.471$m，$\hat{Y}_P=333.889$m

(4) $\hat{L}_1=36°04'25.8''$，$\hat{L}_2=53°55'34.3''$

$\hat{S}_1=148.363$m，$\hat{S}_2=108.084$m

8.3.24

(1) 误差方程：$V_1=\hat{a}+\hat{b}-1.6$

$V_2=2\hat{a}+\hat{b}-2.0$

$V_3=3\hat{a}+\hat{b}-2.4$

限制条件：$0.4\hat{a}+\hat{b}-1.2=0$

(2) $y=0.4793x+1.0083$

(3) $Q_{\hat{x}}=\begin{bmatrix} Q_{\hat{a}} & Q_{\hat{a}\hat{b}} \\ Q_{\hat{b}\hat{a}} & Q_{\hat{b}} \end{bmatrix}=\begin{bmatrix} 0.1033 & -0.0413 \\ -0.0413 & 0.0165 \end{bmatrix}$

(4) $V=\begin{bmatrix} -0.11 & -0.03 & 0.05 \end{bmatrix}^T$cm

$Q_V=\begin{bmatrix} 0.9628 & -0.0992 & -0.1612 \\ -0.0992 & 0.7355 & -0.4298 \\ -0.1612 & -0.4298 & 0.3016 \end{bmatrix}$

8.3.25

(1) 设 $X_1^0=L_1$，$X_2^0=L_2$

误差方程：$V_1=\hat{x}_1$

$V_2=\hat{x}_2$

限制条件：$\hat{x}_1+0.595\hat{x}_2+0.1687=0$

177

(2) $\hat{x} = \begin{bmatrix} -0.125 \\ -0.074 \end{bmatrix}$cm, $\hat{X} = \begin{bmatrix} 50.705 \\ 30.166 \end{bmatrix}$cm, $Q_{\hat{X}} = \begin{bmatrix} 0.2614 & -0.4390 \\ -0.4390 & 0.7385 \end{bmatrix}$

$V_1 = 0.125$, $V_2 = 0.074$

$\hat{\sigma}_0 = 0.145$cm

$\hat{\sigma}_{\hat{L}_1} = 0.074$cm, $\hat{\sigma}_{\hat{L}_2} = 0.125$cm

(3) $\hat{S} = \hat{L}_1 \cdot \hat{L}_2 = 1529.567$cm²

$\hat{\sigma}_{\hat{S}} = 4.10$cm

8.3.26

(1) 误差方程：

$$V = \begin{bmatrix} 1 & -5 & 25 \\ 1 & -3 & 9 \\ 1 & -1 & 1 \\ 1 & 1 & 1 \\ 1 & 3 & 9 \end{bmatrix} \begin{bmatrix} a_0 \\ a_1 \\ a_2 \end{bmatrix} - \begin{bmatrix} 0 \\ -2 \\ 0 \\ 3 \\ 10 \end{bmatrix}$$

限制条件：$a_0 = a_2$

抛物线方程：$y = 0.394 + 2.00x + 0.394x^2$

(2) $V = \begin{bmatrix} 0.17 & -0.09 & -1.22 & -0.22 & 0.09 \end{bmatrix}^T$(cm)

$\hat{\sigma}_0 = 0.72$cm

$\hat{\sigma}_S = \sigma_0 \sqrt{Q_{XX} + Q_{YY}} = 0.72\sqrt{0.052 + 0.145} = 0.32$(cm)

8.3.27

设 P 点坐标为 $(\hat{X}_P, \hat{Y}_P)$，则 $\hat{X}_P = X_P^0 + \hat{x}$，$X_P^0 = X_A = X_C$，$\hat{x} = 0$，$\hat{Y}_P = Y_P^0 + \hat{y}$，$Y_P^0 = Y_A + S_1$，$\sigma_0 = \sigma_s = 2$cm（用附有限制条件的间接平差法列方程，然后将限制条件代入误差方程，化为间接平差计算）。误差方程及权阵为：

$$\begin{bmatrix} v_\alpha \\ v_\beta \\ v_{S_1} \\ v_{S_2} \end{bmatrix} = \begin{bmatrix} 0 \\ 0 \\ 1 \\ 1 \end{bmatrix} \hat{y} - \begin{bmatrix} l_1 \\ l_2 \\ l_3 \\ l_4 \end{bmatrix} \quad P = \begin{bmatrix} p_\alpha & & & \\ & p_\beta & & \\ & & 1 & \\ & & & 1 \end{bmatrix}$$

法方程系数阵 $B^T P B = 2$，所以 $\sigma_{\hat{y}}^2 = \sigma_0^2 Q_{\hat{y}\hat{y}} = 4 \times \frac{1}{2} = 2$cm²。

8.3.28

由附有限制条件的间接平差知，

$\hat{x}' = (N_{BB}^{-1} - N_{BB}^{-1} C^T N_{CC}^{-1} C N_{BB}^{-1}) W - N_{BB}^{-1} C^T N_{CC}^{-1} W_x$

$\quad = \hat{x} - Q_{\hat{x}\hat{x}} C^T N_{CC}^{-1} (C\hat{x} - W_x)$

故 $\Delta \hat{x} = -Q_{\hat{x}\hat{x}} C^T N_{CC}^{-1} (C\hat{x} - W_x)$，

由 $Q_{\hat{x}'\hat{x}'} = N_{BB}^{-1} - N_{BB}^{-1} C^T N_{CC}^{-1} C N_{BB}^{-1}$，

知 $\Delta Q_{\hat{x}\hat{x}} = -N_{BB}^{-1} C^T N_{CC}^{-1} C N_{BB}^{-1} = -Q_{\hat{x}\hat{x}} C^T N_{CC}^{-1} C Q_{\hat{x}\hat{x}}$

第九章

9.1.01

一般条件方程指的是观测值之间应满足的条件方程；限制条件方程是参数之间满足的方程。

9.1.02

是附有限制条件的条件平差，其对参数没有限制，是所有方法的概括。

9.1.03

$n=7$，$u=3$，$s=1$，$r=5-2=3$，$t=n-r=4$。

9.2.04

附有限制条件的条件平差模型具有理论意义，因为其模型概括了其他四种平差模型；但在实用时并不会采用此种模型，会根据具体情况，采用其他四种平差模型。

9.2.05

本题 $n=15$，$t=8$，$u=8$，$s=2$

应列出 13 个条件方程，2 个限制条件方程，组成的法方程有 15 个。

9.2.06

(1) $n=6$，$t=3$，$r=6-3=3$，$u=3$，$s=1$

共列 5 个条件方程和 1 个限制条件。

条件方程：

$$\begin{bmatrix} 1 & 0 & 0 & 0 & 0 & 0 \\ 0 & 1 & 0 & 0 & 0 & 0 \\ 0 & 0 & 0 & 1 & 0 & 0 \\ 0 & 0 & 1 & 0 & -1 & 0 \\ 0 & 0 & 1 & 0 & 0 & -1 \end{bmatrix}_{6 \times 1} V + \begin{bmatrix} -1 & 0 & 0 \\ 0 & -1 & 0 \\ 0 & 0 & -1 \\ 0 & 1 & 0 \\ 0 & 0 & 1 \end{bmatrix} \hat{x}_{3 \times 1} - \begin{bmatrix} 0 \\ 0 \\ 0 \\ 1 \\ 3 \end{bmatrix} = 0_{5 \times 1}$$

限制条件：

$$\begin{bmatrix} 1 & 1 & -1 \end{bmatrix} \hat{x}_{3 \times 1} + 3 = 0$$

常数项单位为秒。

(2) 法方程：

$$\begin{bmatrix} 1 & 0 & 0 & 0 & 0 & -1 & 0 & 0 & 0 \\ 0 & 1 & 0 & 0 & 0 & 0 & -1 & 0 & 0 \\ 0 & 0 & 1 & 0 & 0 & 0 & 0 & -1 & 0 \\ 0 & 0 & 0 & 2 & 1 & 0 & 1 & 0 & 0 \\ 0 & 0 & 0 & 1 & 2 & 0 & 0 & 1 & 0 \\ -1 & 0 & 0 & 0 & 0 & 0 & 0 & 0 & 1 \\ 0 & -1 & 0 & 1 & 0 & 0 & 0 & 0 & 1 \\ 0 & 0 & -1 & 0 & 1 & 0 & 0 & 0 & -1 \\ 0 & 0 & 0 & 0 & 0 & 1 & 1 & -1 & 0 \end{bmatrix} \begin{bmatrix} K \\ _{5 \times 1} \\ \hat{x} \\ _{3 \times 1} \\ K_S \end{bmatrix} - \begin{bmatrix} 0 \\ 0 \\ 0 \\ 1 \\ 3 \\ 0 \\ 0 \\ 0 \\ -3 \end{bmatrix} = 0_{9 \times 1}$$

参数：$\hat{x} = \begin{bmatrix} -1.0 \\ -0.5 \\ 1.5 \end{bmatrix}(")$，$\hat{X} = \begin{bmatrix} 44°03'13.5" \\ 43°14'19.5" \\ 87°17'33.0" \end{bmatrix}$

(3) 改正数：

$V = [-1.0 \quad -0.5 \quad 1.0 \quad 1.5 \quad -0.5 \quad -0.5]^T(")$

平差值：

$\hat{L} = [44°03'13.5" \quad 43°14'19.5" \quad 53°33'33.0" \quad 87°17'33.0"$
$\qquad 96°47'52.5" \quad 140°51'6.0"]^T$

9.2.07

(1) 条件方程：

$$\begin{bmatrix} 1 & -1 & 0 & 0 & 1 \\ 0 & 1 & 0 & -1 & 0 \\ 1 & 0 & -1 & 0 & 0 \end{bmatrix} \begin{bmatrix} V_1 \\ V_2 \\ V_3 \\ V_4 \\ V_5 \end{bmatrix} + \begin{bmatrix} 0 & 0 \\ 1 & 0 \\ 0 & -1 \end{bmatrix} \begin{bmatrix} \hat{x}_1 \\ \hat{x}_2 \end{bmatrix} - \begin{bmatrix} -7 \\ -1 \\ 0 \end{bmatrix} = 0$$

限制条件方程：$\hat{x}_1 + \hat{x}_2 = 0$

(2) $\hat{x} = [-0.5 \quad 0.5]^T (\text{mm})$ $\hat{X} = [14.1305 \quad 0.9965]^T(m)$

$V = [-1.625 \quad 1.625 \quad -2.125 \quad 2.125 \quad -3.750]^T(\text{mm})$

$\hat{L} = [1.3574 \quad 2.0106 \quad 0.3609 \quad 1.0141 \quad 0.6532]^T(m)$

9.2.08

本题 $n=5$，$t=3$，$r=5-3=2$

设 P_1、P_2 两点的高差为未知参数，即

$\hat{X} = [\hat{X}_1 \quad \hat{X}_2]^T = [\hat{H}_1 \quad \hat{H}_2]^T$

$u=2$（其中一个为独立参数）。

设参数的近似值：

$X_1^0 = H_A + L_1 = 119.990\text{m}$，$X_2^0 = H_A - L_4 - L_5 = 39.984\text{m}$

(1) 条件方程：

$$\begin{bmatrix} 1 & 1 & 1 & 1 & 1 \\ 1 & 0 & 0 & 0 & 0 \\ 0 & 0 & 0 & -1 & -1 \end{bmatrix}_{5 \; 1} V + \begin{bmatrix} 0 & 0 \\ -1 & 0 \\ 0 & -1 \end{bmatrix} \hat{x}_{2 \; 1} - \begin{bmatrix} -5 \\ 0 \\ 0 \end{bmatrix}_{3 \; 1} = 0$$

限制条件方程：

$[1 \quad -1] \hat{x}_{2 \; 1} + 6 = 0$

常数项单位为 mm。

(2) 法方程：

$$\begin{bmatrix} 8 & 1 & -4 & 0 & 0 & 0 \\ 1 & 1 & 0 & -1 & 0 & 0 \\ -4 & 0 & 4 & 0 & -1 & 0 \\ 0 & -1 & 0 & 0 & 0 & 1 \\ 0 & 0 & -1 & 0 & 0 & -1 \\ 0 & 0 & 0 & 1 & -1 & 0 \end{bmatrix} \begin{bmatrix} K_{3 \; 1} \\ \hat{x}_{2 \; 1} \\ K_S \end{bmatrix} - \begin{bmatrix} -5 \\ 0 \\ 0 \\ 0 \\ 0 \\ -6 \end{bmatrix} = 0_{6 \; 1}$$

$\hat{x}_1 = -1.20\text{mm}, \qquad \hat{x}_2 = 4.80\text{mm}$

$\hat{H}_{P_1} = \hat{X}_1 = X_1^0 + \hat{x}_1 = 119.9888\text{m}$

$\hat{H}_{P_2} = \hat{X}_2 = X_2^0 + \hat{x}_2 = 39.9888\text{m}$

(3) $K = [0.333 \quad -1.534 \quad 1.533]^\text{T}$

$V = QA^\text{T}K = [-1.20 \quad 0.50 \quad 0.50 \quad -2.40 \quad -2.40]^\text{T}(\text{mm})$

$\hat{L} = L + V = [-5.8612 \quad -35.5305 \quad -44.4695 \quad 50.7806 \quad 35.0806]^\text{T}(\text{mm})$

(4) $V^\text{T}PV = 7.527$

$\hat{\sigma}_0^2 = 3.76\text{mm}^2$

$Q_{\hat{H}_{P_3}} = 1.550$

P_3 点高程平差值的方差为：

$\sigma_{\hat{H}_{P_3}}^2 = \hat{\sigma}_0^2 Q_{\hat{H}_{P_3}} = 5.83\text{mm}^2$

9.2.09

本题 $n=6$，$t=4$，$r=n-t=2$，$u=2$（其中一个为独立参数）。

(1) 令参数 $\hat{a} = a^0 + \delta a$，$\hat{b} = b^0 + \delta b$，

参数近似值 $\hat{a}^0 = 1.8\text{cm}$，$b^0 = 3.1\text{cm}$。

观测值：$\hat{x}_i = x_i + V_{x_i}$，$\hat{y}_i = y_i + V_{y_i}$

条件方程：

$$\begin{bmatrix} -1.8 & 0 & 0 & 1 & 0 & 0 \\ 0 & -1.8 & 0 & 0 & 1 & 0 \\ 0 & 0 & -1.8 & 0 & 0 & 1 \end{bmatrix} \begin{bmatrix} V_{x_1} \\ V_{x_2} \\ V_{x_3} \\ V_{y_1} \\ V_{y_2} \\ V_{y_3} \end{bmatrix} + \begin{bmatrix} -1.1 & -1 \\ -1.8 & -1 \\ -2.6 & -1 \end{bmatrix} \begin{bmatrix} \delta a \\ \delta b \end{bmatrix} - \begin{bmatrix} 0.88 \\ -0.46 \\ -0.22 \end{bmatrix} = 0$$

限制条件方程：

$$[1.5 \quad 1]\begin{bmatrix} \delta a \\ \delta b \end{bmatrix} - 0.2 = 0$$

(2) 法方程：

$$\begin{bmatrix} 5.32 & 0 & 2.16 & -1.1 & -1 & 0 \\ 0 & 2.62 & 0 & -1.8 & -1 & 0 \\ 2.16 & 0 & 4.82 & -2.6 & -1 & 0 \\ -1.1 & -1.8 & -2.6 & 0 & 0 & 1.5 \\ -1 & -1 & -1 & 0 & 0 & 1 \\ 0 & 0 & 0 & 1.5 & 1 & 0 \end{bmatrix} \begin{bmatrix} K_1 \\ K_2 \\ K_3 \\ \delta a \\ \delta b \\ K_S \end{bmatrix} - \begin{bmatrix} 0.88 \\ -0.46 \\ -0.22 \\ 0 \\ 0 \\ 0.2 \end{bmatrix} = 0$$

(3) $\delta a = 0.55\text{cm}$，$\delta b = 0.625\text{cm}$，$K = [0.137 \quad -0.036 \quad 0.060]^\text{T}$

$\hat{a} = 2.35\text{cm}$，$\hat{b} = 2.475\text{cm}$

$y = 2.35x + 2.475$

9.2.10

(1)条件方程(9个):
$$V_2-\hat{x}_1=0, \quad V_4-\hat{x}_2=0$$
图形条件:
$$V_1+V_3+\hat{x}_1-2.8''=0, \quad V_5+V_6+\hat{x}_2+1.2''=0$$
$$V_7+V_8+V_9-0.9''=0, \quad V_{10}+V_{11}+V_{12}-3.8''=0$$
圆周条件:
$$V_1+V_5+V_8+V_{11}-1.2''=0$$
极条件:
$$-0.623V_3+2.616V_6+0.281V_7-1.863V_9+0.691V_{10}-0.774V_{12}+1.290\hat{x}_1$$
$$-1.537\hat{x}_2+6.053''=0$$
固定边条件:
$$-0.103V_1+0.623V_3-0.707V_5-2.616V_6-1.078''=0$$
限制条件:
$$\hat{x}_1+\hat{x}_2+0.30''=0$$

(2) $V=[1.71 \quad -0.04 \quad 1.13 \quad -0.26 \quad -1.00 \quad 0.06 \quad -0.14$
$-0.59 \quad 2.22 \quad 0.37 \quad 1.08 \quad 2.35]^T('')$

9.3.11

$$Q_{\hat{X}} = \begin{bmatrix} Q_{\hat{h}_1} & Q_{\hat{h}_1 \hat{H}_{P_1}} \\ Q_{\hat{H}_{P_1}\hat{h}_1} & Q_{\hat{H}_{P_1}} \end{bmatrix} = \frac{1}{3}\begin{bmatrix} 2 & 2 \\ 2 & 2 \end{bmatrix}$$

9.3.12

不相关,因为 $Q_{V\hat{X}}=0$。

9.4.13

因为设了多余的参数,使得条件方程数量增加,给解算带来麻烦。在实际中没有必要设一些独立数不足又多余的参数。

9.4.14

不论设多少参数,方程总数都是 $c=r+u$;对于条件平差模型 $u=0$,方程数 $c=r+u=r$,为一般条件方程;对于附有参数的条件平差模型 $0<u<t$,且参数独立,方程数 $c=r+u$,为一般条件方程;对于间接平差模型 $u=t$,且参数独立,方程数 $c=r+u=r+t=n$,为观测方程或误差方程;对于附有限制条件的间接平差模型 $u>t$,且包含 t 个独立参数,方程数 $c=r+u=r+t+s=n+s$,其中有 n 个观测方程或误差方程,s 个限制条件方程;对于附有限制条件的条件平差模型无论设多少个参数,只要不包含 t 个独立参数,方程数 $c=r+u=(r+u-s)+s$,其中有 $(r+u-s)$ 个一般条件方程,s 个限制条件方程。

9.4.15

所设的参数 $u=t$,且独立,这时,概括平差函数模型中的系数 $A=-I$,$C=0$。

9.4.16

P_2 点平差后高程的权为 $\frac{1}{2}$。

9.4.17

宜采用附有限制条件的间接平差模型。

9.4.18

(1)附有限制条件的条件平差；

(2)附有参数的条件平差；

(3)附有参数的条件平差；

(4)附有限制条件的间接平差；

(5)间接平差；

(6)附有限制条件的条件平差。

9.4.19

具有无偏性、有效性。

9.4.20

具有无偏、有效性质的估计量称为最优估计量。

9.4.21

即要证明 $E(\hat{L}) = \tilde{L}$。

证明：条件方程 $A\tilde{L}+A_0=0$，或 $AV+W=0$，$W=AL+A_0$

因为 $\tilde{L}=L+\Delta$，$E(\tilde{L})=E(L)+E(\Delta)$，$E(L)=\tilde{L}$

则 $E(W)=AE(L)+A_0=A\tilde{L}+A_0=0$

对于条件平差有：$\hat{L}=L+V=L+QA^TK=L-QA^TN_{AA}^{-1}W$

$E(\hat{L})=E(L)+E(V)=\tilde{L}-QA^TN_{AA}^{-1}E(W)=\tilde{L}$

得证。

9.4.22

证明：$\hat{X}$、$\hat{L}$ 具有无偏性，即证 $E(\hat{X})=\tilde{X}$，$E(\hat{L})=\tilde{L}$。

因为 $\hat{X}=X^0+\hat{x}$，$\tilde{X}=X^0+\tilde{x}$，所以要证 $E(\hat{X})=\tilde{X}$，可证 $E(\hat{x})=\tilde{x}$。

因为 $\tilde{L}=L+\Delta$，$E(\tilde{L})=E(L)+E(\Delta)$，$E(L)=\tilde{L}$

$\Delta=B\tilde{x}-l$，$E(\Delta)=B\tilde{x}-E(l)=0$，$E(l)=B\tilde{x}$

因为 $\hat{x}=(B^TPB)^{-1}B^TPl$，

故 $E(\hat{x})=(B^TPB)^{-1}B^TPE(l)=(B^TPB)^{-1}B^TPB\tilde{x}=\tilde{x}$

$\hat{L}=L+V$，$\tilde{L}=L+\Delta$，$\hat{L}=L+V$，$\tilde{L}=L+\Delta$

而 $V=B\hat{x}-l$，$E(V)=BE(\hat{x})-E(l)=B\tilde{x}-B\tilde{x}=0$，

故 $E(\hat{L})=E(L)+E(V)=\tilde{L}$

得证。

9.4.23

(1)证明 $\hat{X}$ 具有最小方差：

设 $\hat{x}=Hl$（H 为待定系数阵）

满足无偏性：$E(\hat{x})=HE(l)=HB\tilde{x}$，须满足 $HB=E$，

方差：$Q_{\hat{x}} = HQ_l H^T$，

构造函数：$\Phi = HQ_l H^T + 2(HB-E)K^T$，

两边取迹：$\text{tr}(\Phi) = \text{tr}(HQ_l H^T + 2(HB-E)K^T) = \min$，

对待定系数求导，方程为零：$\dfrac{\text{dtr}(\Phi)}{\text{d}H} = 2HQ_l + 2(BK^T)^T = 0$，

则 $H = -KB^T P$，代入 $HB = E$，得 $-KB^T PB = E$，$K = -N_{BB}^{-1}$

有 $H = N_{BB}^{-1} B^T P$，

故 $\hat{x} = N_{BB}^{-1} B^T Pl$，即为间接平差最小二乘参数估值，得证。

(2) 证明 $\hat{L}$ 具有最小方差：

$\hat{L} = L + V = L + B\hat{x} - l = L + Gl$

$E(\hat{L}) = E(L) + GE(l) = E(L) + GB\tilde{x}$

须满足 $GB = 0$；

方差：$Q_{\hat{L}} = Q + GQ_{lL} + Q_{Ll}G^T + GQ_l G^T$

在间接平差中 $l = L - BX^0 - d$，$l = L$，

故 $Q_{Ll} = Q_{lL} = Q$，

构造函数：$\Phi = Q_{\hat{L}} + 2(GB)K^T$

$\dfrac{\text{dtr}(\Phi)}{\text{d}G} = \dfrac{\text{dtr}(Q + GQ_{lL} + Q_{Ll}G^T + GQ_l G^T + 2GBK^T)}{\text{d}G} = Q + Q + 2GQ + 2KB^T = 0$

$2Q + 2GQ + 2KB^T = 0$，

$G = -(KB^T + Q)P = -KB^T P - E$，代入 $GB = 0$，得

$KB^T PB + B = 0$，$K = -BN_{BB}^{-1}$，$G = BN_{BB}^{-1}B^T P - E$，

故 $\hat{L} = L + BN_{BB}^{-1}B^T Pl - l$，即为间接平差最小二乘观测值平差值，得证。

9.5.24

只有当 $\hat{\sigma}_0^2 = \dfrac{V^T PV}{n-1}$ 时，$E(\hat{\sigma}_0^2) = \sigma_0^2$

第十章

10.1.01

某点坐标的真位置和其经平差后得到的点位之间的距离称为点位真位差；某点点位真位差平方的理论平均值为其点位方差。

10.1.02

点位误差在各个方向上是不同的，对工程测量来说，人们关心哪个方向的误差较大，哪个方向误差较小，从而合理布设控制网。误差椭圆可以清楚了解点位误差在各个方向上的分布情况。

10.1.03

具有的性质：①待定点点位位差与坐标系的选择无关；②任何一点的真位差平方和总是等于两个相互垂直方向上的误差分量平方和。

10.1.04

证明：任意方向 φ 上的位差为 $\sigma_\varphi^2 = \sigma_0^2(Q_{XX}\cos^2\varphi + Q_{YY}\sin^2\varphi + Q_{XY}\sin2\varphi)$

若又有一个方向 φ' 与 φ 垂直，即 $\varphi' = \varphi + 90°$

则有 $\sigma_{\varphi+90°}^2 = \sigma_0^2 Q_{\varphi+90°} = \sigma_0^2(Q_{XX}\sin^2\varphi + Q_{YY}\cos^2\varphi - Q_{XY}\sin2\varphi)$

所以 $\sigma_P^2 = \sigma_\varphi^2 + \sigma_{\varphi+90°}^2 = \sigma_0^2(Q_{XX}+Q_{YY}) = \sigma_X^2 + \sigma_Y^2$

得证。

10.2.05

σ_x^2 是点位方差在 X 坐标方向的点位方差分量；

σ_y^2 是点位方差在 Y 坐标方向的点位方差分量；

σ_u^2 是由方位角误差引起的点位方差分量，又称横向误差；

σ_s^2 是由量距误差引起的点位方差分量，又称纵向误差。

10.2.06

$\sigma_P^2 = \sigma_x^2 + \sigma_y^2 = \sigma_s^2 + \sigma_u^2$

10.2.07

$\sigma_u = \dfrac{\sigma_\beta}{\rho}S = 2.06\text{mm}$，$\sigma_P^2 = \sigma_S^2 + \sigma_u^2 = 13.25\text{mm}^2$，$\sigma_P = 3.6\text{mm}$

10.2.08

$\hat{\sigma}_P = 1.23\text{dm}$

10.2.09

$\hat{\sigma}_\varphi = 0.81\text{dm}$

10.2.10

（1）$\hat{\sigma}_x = \dfrac{\sqrt{3}}{2}\text{cm}$，$\hat{\sigma}_y = 1.5\text{cm}$，$\hat{\sigma}_p = \sqrt{3}\text{cm}$

（2）$\varphi_E = 74.5°$ 或 $254.5°$，$E = 1.54\text{cm}$，$F = 0.79\text{cm}$

（3）$\hat{\sigma}_{\varphi=90°} = 1.5\text{cm}$

10.2.11

（1）$\varphi_E = 157.5°$ 或 $337.5°$，$E = 1.92\text{dm}$，$F = 1.51\text{dm}$　　（2）1.58dm

10.2.12

（1）$\varphi_E = 135°$

（2）$E = 4\text{mm}$，$F = 2\text{mm}$

（3）$\sigma_P^2 = 4^2 + 2^2 = 20(\text{mm}^2)$

10.2.13

x 轴方向，$0°$，y 轴方向，$90°$

10.2.14

$\sigma_P^2 = 5\text{cm}^2$，误差曲线的最大值为 3cm，误差椭圆的短半轴的方位角为 $90°$ 或 $270°$。

10.2.15

$\varphi_E = 0° \sim 360°$，$E = F = 1.5\text{cm}$，误差椭圆为圆形。

10.2.16

$\varphi_E = 135°$，$215°$，$E = 1.73\text{cm}$，$F = 1.58\text{cm}$，$\hat{\sigma}_x = \hat{\sigma}_y$

10.2.17

$$\frac{\hat{\sigma}_{S_{PA}}}{S_{PA}} = \frac{1}{16\ 284}$$

10.2.18

$$\hat{\sigma}_{\alpha_{PA}} = 5.97'', \quad \frac{\hat{\sigma}_{S_{PA}}}{S_{PA}} = \frac{1}{42\ 372}$$

10.2.19

φ 角是某点(P)的纵轴方向顺时针旋转到任意方向的角度;ψ 角是某点(P)的极大方向顺时针旋转到任意方向的角度;φ_E 角是某点(P)的纵轴方向顺时针旋转到极大方向的角度,它们之间的关系为 $\psi = \varphi - \varphi_E$。

10.2.20

(1) $\varphi_E = 45°$ 或 $225°$, $E = \sqrt{2.5}$ dm, $F = \sqrt{1.5}$ dm, $\sigma_P^2 = 4$ dm^2

(2) $\sigma_{\varphi=30°} = 1.56$ dm, $\psi = 345°$

(3) $\dfrac{\sigma_{S_{PC}}}{S_{PC}} = \dfrac{1}{200\ 000}$, $\sigma_{\alpha_{PC}} = 8.25''$

10.2.21

$$Q_{\hat{X}} = \begin{bmatrix} 2 & 1 \\ 1 & 2 \end{bmatrix}^{-1} = \frac{1}{3}\begin{bmatrix} 2 & -1 \\ -1 & 2 \end{bmatrix}$$

(1) 因为 $Q_{X_P} = Q_{Y_P}$, $Q_{X_P Y_P} = -\dfrac{1}{3} < 0$

所以 $\varphi_E = 135°$

$$k = |2Q_{X_P Y_P}| = \frac{2}{3}$$

$$E^2 = \frac{1}{2}\sigma_0^2(Q_{X_P} + Q_{Y_P} + k) = 1$$

$$F^2 = \frac{1}{2}\sigma_0^2(Q_{X_P} + Q_{Y_P} - k) = \frac{1}{3}$$

(2) $\sigma_P^2 = E^2 + F^2 = \dfrac{4}{3}$

(3) $\Psi = 325°$

$\sigma_\Psi^2 = 0.671\ 0 + 0.109\ 7 = 0.780\ 7$

$$\frac{\sigma_S}{S} = \frac{1}{1\ 131\ 795}$$

10.2.22

(1) $x_p = x_A + S\cos(\alpha_{AB} + \beta)$,

$$dx_p = \cos(\alpha_{AB}+\beta)dS - S\sin(\alpha_{AB}+\beta)\frac{d\beta}{\rho} = \frac{1}{\sqrt{2}}dS - \frac{2}{\sqrt{2}}d\beta$$

$$dy_p = \sin(\alpha_{AB}+\beta)dS + S\cos(\alpha_{AB}+\beta)\frac{d\beta}{\rho} = \frac{1}{\sqrt{2}}dS + \frac{2}{\sqrt{2}}d\beta$$

$$\begin{bmatrix} \sigma_{xx}^2 & \sigma_{xy} \\ \sigma_{yx} & \sigma_{yy}^2 \end{bmatrix}_{x_p} = \frac{1}{2}\begin{bmatrix} 1 & 2 \\ 1 & 2 \end{bmatrix}\begin{bmatrix} 4 & 0 \\ 0 & 4 \end{bmatrix}\begin{bmatrix} 1 & 1 \\ 2 & 2 \end{bmatrix} = 2\begin{bmatrix} 5 & -3 \\ -3 & 5 \end{bmatrix} \text{mm}^2$$

$\sigma_p^2 = 20\text{mm}^2$

(2) $E = 4\text{mm}$, $F = 2\text{mm}$, $\tan\varphi_E = -1$, $\varphi_E = 135°$

(3) $\varphi_E = \alpha_{PC} = 135°$, $\dfrac{\sigma_{S_{PC}}}{S_{PC}} = \dfrac{4\text{mm}}{600\text{m}} = \dfrac{1}{150\,000}$

$\sigma_{\alpha_{PC}} = \dfrac{\rho F}{S_{PC}} = \dfrac{2}{3}(")$

$\tan 2\varphi_0 = \dfrac{2Q_{xy}}{Q_{xx} - q_{yy}} = \infty$, $\varphi_E = 135°$

10.3.23

误差曲线是以待定点 P 为极,φ 为角,$\hat{\sigma}_\varphi$ 为长度的极坐标点的轨迹。

误差曲线给出后,可以直接在误差曲线上量出所需要的任一方向上位差的大小。常用的有,交会点某条边纵向误差或边长误差,横向误差或方向误差,点位中误差。

10.4.24

误差曲线与误差椭圆极为相似,在两个极值方向两曲线完全重合,其余各处相差甚微,而误差椭圆便于绘制和计算,因此在实用中,常用误差椭圆代替误差曲线。

10.4.25

当误差椭圆求出后,以 ψ 为角,作方向线 PR,在其上作切于椭圆 P_0 点处的切线 P_0Q 与 PR 正交于 Q,则垂足 Q 到 P 点的距离即为 ψ 方向上的位差 $\hat{\sigma}_\psi$。

10.4.26

以 P 点位差的极大值方向为 X 轴方向,以位差的极值 E、F 分别为椭圆的长短半轴即为待定点的误差椭圆,φ_E、E、F 称为误差椭圆的三个参数。

10.4.27

说法不对。因为位差的实用公式表示轨迹的是以 E、F 为对称轴的误差曲线,不是误差椭圆。

10.4.28

可以得到。因为已知 φ_E、E、F,则 $\psi = \alpha_{PA} - \varphi_E$,$PA$ 边的横向误差:

$\sigma_u^2 = E^2 \cos^2(\psi+90) + F^2 \sin^2(\psi+90)$

所以 $\hat{\sigma}_{\alpha_{PA}} = \dfrac{\hat{\sigma}_u}{S}\rho''$

10.5.29

相对误差椭圆是研究一待定点相对于另一待定点的误差分布情况,其参数是:$\varphi_{E_{12}}$、$E_{1,2}$、$F_{1,2}$。

10.5.30

可以全面了解控制网中所有待定点的点位误差分布情况。

10.5.31

$\varphi_{E_{12}} = 0°$ 或 $180°$,$E_{12} = 3.16\text{cm}$,$F_{12} = 2.37\text{cm}$,误差椭圆为圆形。

10.5.32

$\hat{\sigma}_{T_{P_1P_2}} = 2.66''$

10.5.33

$\hat{\sigma}_{\alpha_{12}} = 3.6''$

10.5.34

$\varphi_{E_{12}} = 135°$ 或 $315°$, $E_{12} = 2.24$cm, $F_{12} = 1.00$cm

10.5.35

(1) $\varphi_{E_{12}} = 79°29'$ 或 $259°29'$, $E_{12} = 1.01$dm, $F_{12} = 0.87$dm

(2) $\dfrac{\hat{\sigma}_{S_{12}}}{S_{12}} = \dfrac{1}{79\,959}$

10.5.36

(1) $\varphi_{E_{12}} = 30°$ 或 $210°$, $E_{12} = 1.2$dm, $F_{12} = 0.67$dm

(2) $\dfrac{\sigma_{S_{CD}}}{S_{CD}} = \dfrac{1}{30\,400}$, $\sigma_{\alpha_{CD}} = 5.19''$

10.5.37

$\dfrac{\hat{\sigma}_{S_{B3}}}{\hat{S}_{B3}} = \dfrac{4}{1\,201\,640} = \dfrac{1}{300\,410}$, 可以满足。

10.5.38

(1) $\varphi_{E_1} = 90°12'$ 或 $270°12'$, $E_1 = 0.40$dm, $F_1 = 0.31$dm

(2) $\varphi_{E_2} = 84°40'$ 或 $264°40'$, $E_2 = 0.40$dm, $F_2 = 0.31$dm

(3) $\varphi_{E_{12}} = 67°41'$ 或 $247°41'$, $E_{12} = 0.53$dm, $F_{12} = 0.37$dm

10.5.39

(1) $\varphi_{E_{P_1P_2}} = 106.8°$ 或 $286.8°$, $E = 2.71$mm, $F = 1.74$mm

(2) $\hat{\sigma}_S = 2.25$mm, $\hat{\sigma}_u = 2.31$mm

10.5.40

(1) $\varphi_{E_{CD}} = 34°06'$ 或 $214°06'$, $E_{CD} = 1.48$cm, $F_{CD} = 1.40$cm

(2) $\hat{\sigma}_{S_{CD}} = 1.41$cm

10.6.41

可以研究待定点点位分布情况。

10.7.42

(1) $\varphi_E = 150°02'$ 或 $330°02'$, $\varphi_F = 240°01'$ 或 $\varphi_F = 60°01'$

(2) $E = 0.98$dm, $F = 0.71$dm

(3) $\sigma_x = 0.92$dm, $\sigma_y = 0.78$dm, $\sigma_P = 1.21$dm

(4) $\sigma_\varphi = 0.71$dm

10.7.43

(1) $\varphi_E = 157.5°$ 或 $337.5°$, $\varphi_E = 67.5°$ 或 $247.5°$

(2) $E = 1.48$cm, $F = 1.22$cm

(3) $\hat{\sigma}_P = 1.92$cm

(4) $\hat{\sigma}_{\psi=30°} = 1.42$cm

(5) $\dfrac{\hat{\sigma}_{S_{PA}}}{S_{PA}} = \dfrac{1}{740\,000}$

10.7.44

(1) $\varphi_{E_1} = 76°18'$ 或 $256°18'$, $E_1 = 1.9\text{cm}$, $F_1 = 1.0\text{cm}$

(2) $\varphi_{E_2} = 65°41'$ 或 $245°41'$, $E_1 = 2.1\text{cm}$, $F_1 = 1.3\text{cm}$

(3) $\varphi_{E_{P_1P_2}} = 61°31'$ 或 $241°31'$, $E = 2.6\text{mm}$, $F = 1.8\text{mm}$

(4) $\dfrac{\hat{\sigma}_{S_{12}}}{S_{12}} = \dfrac{1}{100\,000}$, $\hat{\sigma}_{T_{12}} = 1.65''$

10.7.45

$E^2 = 2.0\text{cm}^2$, $F^2 = 1.5\text{cm}^2$

$\sigma_\beta = 11.9''$

10.7.46

$S_{12} = 2.5\text{km}$ 的边长误差为 $\sigma_{S_{12}} = 12.5\text{cm}$, $S_{12} = 2.5\text{km}$

因为 $Q_{\Delta X} = Q_{\Delta Y}$, $Q_{\Delta X \Delta Y} < 0$,

所以 $\varphi_{E_{12}} = 135°$, $\psi = 315°$

$K = \sqrt{(Q_{\Delta X} - Q_{\Delta Y})^2 + 4Q_{\Delta X \Delta Y}^2} = 2$, $E_{12}^2 = 3\sigma_0^2$, $F_{12}^2 = \sigma_0^2$

$\sigma_S^2 = E^2\cos^2\psi + F^2\sin^2\psi = 2\sigma_0^2 = 12.5^2$, $\sigma_0^2 = 78.125\,1$, $\sigma_0 = 8.84\text{cm}$

(1) $\sigma_0^2 = 78.125\,1$ $\sigma_0 = 8.84\text{cm}$

(2) $E_{12}^2 = 3\sigma_0^2$, $F_{12}^2 = \sigma_0^2$, $\varphi_{E_{12}} = 135°$, $E_{12} = 15.31\text{cm}$, $F_{12} = 8.84\text{cm}$

10.7.47

因为 $Q_{\Delta X} = Q_{\Delta Y}$, $Q_{\Delta X \Delta Y} > 0$, 所以 $\varphi_{E_{12}} = 45°$,

$K = \sqrt{(Q_{\Delta X} - Q_{\Delta Y})^2 + 4Q_{\Delta X \Delta Y}^2} = 2$, $E_{12}^2 = 4$, $F_{12}^2 = 2$

$\psi_1 = 30°$

$\sigma_{S_{PA}}^2 = E^2\cos^2\psi_1 + F^2\sin^2\psi_1 = \dfrac{7}{2}$, $\sigma_{S_{PA}} = 1.87(\text{mm})$

$\sigma_u^2 = E^2\cos^2(\psi+90) + F^2\sin^2(\psi+90) = \dfrac{5}{2}$, $\sigma_{\alpha_{PA}} = \dfrac{\sigma_u}{S}\rho = 1.58('')$

第十一章

11.1.01

测量数据处理中的误差理论是以其统计特性为基础的,除了对平差参数进行最优估计外,还要用数理统计方法对观测数据和平差数学模型进行检验,以保证观测数据的正确性和平差模型的合理性和精确性。

基本思想是检验所给出的假设以多大的概率认为假设是正确的。

11.1.02 $P = 0.888\,4$

11.1.03 $P(2 \leqslant x \leqslant 7) = 0.44$

11.1.04 $c = 11.748$

11.1.05   当 $\alpha = 0.1$ 时, $\beta = 0.19$; 当 $\alpha = 0.05$ 时, $\beta = 0.29$; 当 $\alpha = 0.01$ 时, $\beta = 0.47$。

11.2.06 u 检验, 接受原假设 $a = a_0 = 0$

11.2.07　u 检验，接受原假设 $a_1 = a_2$

11.2.08　t 检验，接受原假设 $a = L_0$

11.2.09　t 检验，拒绝原假设 $a_1 = a_2$

11.2.10　χ^2 检验，接受原假设 $\sigma^2 = \sigma_0^2 = 1.5^2$

11.2.11　F 检验，接受原假设 $\sigma_1^2 = \sigma_2^2$

11.2.12　(1)拒绝 H_0，接受 H_1；(2)接受 H_0

11.2.13　接受 H_0

11.2.14　拒绝 H_0，接受 H_1

11.2.15　方差相等

11.2.16　无显著差异

11.3.17　符合偶然误差特性

11.3.18　符合偶然误差特性

11.3.19　接受服从正态分布的假设

11.4.20　模型正确

11.5.21　t 检验，接受原假设 $\bar{x} = \mu_0$

11.5.22　(1)(2.121, 2.129)　(2)(2.118, 2.132)

11.5.23　(2.690, 2.720)

11.5.24　(−43.3mm, −28.7mm)

11.5.25　(1.04(″)², 42.48(″)²)

11.6.26

如果观测值仅含偶然误差，不含粗差时 $E(V) = 0$，用正态分布检验这样的假设是否成立，如果不成立，则认为观测值含有粗差。

11.6.27

(1)给出原假设和备选假设 $H_0: E(v_i) = 0$，$H_1: E(v_i) \neq 0$；

(2)计算统计量 $u = \dfrac{v_i}{\sigma_0 \sqrt{Q_{v_i v_i}}}$；

(3)给出显著性水平 α；

(4)查正态分布表或计算 $u_{\frac{\alpha}{2}}$；

(5)判断，如果 $|u| < u_{\frac{\alpha}{2}}$，接受 H_0，认为观测值不存在粗差，否则，接受 H_1。

11.7.28　接受原假设

11.7.29　(0.288, 1.960)

参 考 文 献

[1] 武汉大学测绘学院测量平差学科组. 误差理论与测量平差基础[M]. 武汉：武汉大学出版社, 2003.
[2] 於宗俦, 于正林. 测量平差原理[M]. 武汉：武汉测绘科技大学出版社, 1990.
[3] 高士纯. 测量平差基础通用习题集[M]. 武汉：武汉测绘科技大学出版社, 1999.
[4] 游祖吉, 樊功瑜. 测量平差教程[M]. 北京：测绘出版社, 1991.
[5] H. 沃尔夫. 平差计算[M]. 北京：测绘出版社, 1985.